Fouad Soliman
Karima Mahmoud

L'électronique et l'informatique au service d'élections équitables

Fouad Soliman
Karima Mahmoud

L'électronique et l'informatique au service d'élections équitables

ScienciaScripts

Imprint

Any brand names and product names mentioned in this book are subject to trademark, brand or patent protection and are trademarks or registered trademarks of their respective holders. The use of brand names, product names, common names, trade names, product descriptions etc. even without a particular marking in this work is in no way to be construed to mean that such names may be regarded as unrestricted in respect of trademark and brand protection legislation and could thus be used by anyone.

Cover image: www.ingimage.com

This book is a translation from the original published under ISBN 978-620-7-47478-3.

Publisher:
Sciencia Scripts
is a trademark of
Dodo Books Indian Ocean Ltd. and OmniScriptum S.R.L publishing group

120 High Road, East Finchley, London, N2 9ED, United Kingdom
Str. Armeneasca 28/1, office 1, Chisinau MD-2012, Republic of Moldova, Europe
Printed at: see last page
ISBN: 978-620-7-38814-1

Copyright © Fouad Soliman, Karima Mahmoud
Copyright © 2024 Dodo Books Indian Ocean Ltd. and OmniScriptum S.R.L publishing group

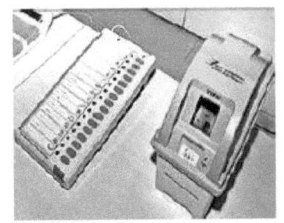

Electronics and Computer Sciences for Fair Elections

By

Fouad A. S. Soliman
Nuclear Materials Authority,
Cairo, Egypt.

Karima A. Mahmoud
Physics Researcher

March 2024

À propos des auteurs
Dr. Fouad A. S. Soliman
Professeur d'ingénierie électronique et informatique, Nuclear Materials Authority, Le Caire, Égypte.

Membre du comité de rédaction de :

- Progress in Photovoltaic, "Research and Applications", John Wiley and Sons, UK, depuis 1993,
- Périodiques de l'Association pour l'avancement des techniques de modélisation et de simulation, AMSE, Lune, France,
- International Journal of Computer Science and Engineering Applications (IJCSEA).

Membre de :

- American Association for Advancement of Sciences, N.Y., U.S.A,
- Académie des sciences de New York, New York, États-Unis.

Choisi pour :

- Who's Who in the World, A.N. Marquis, N.J., U.S. A.
- Outstanding People of the 20th Century, Centre biographique international de Cambridge, Angleterre.

Enseigner dans les universités

- Enseigner aux étudiants de troisième cycle dans les universités égyptiennes.

Publications et supervision de M.Sc. et de Ph.D.
Articles et thèses encadrées

- Environ 200

Livres :

[1]. Fouad A. S. Soliman, **"A Novel Look on the world of Nanotechnology for Today and Future"**, livre publié, Lambert Academic Publishing, Omni- Scriptum GmbH and Co.
KG, février 2016,
ISBN 978-3-659-83496-7.

[2]. F. A. S. Soliman, **"L'énergie et l'avenir des civilisations"**, livre publié, Lambert
Academic Publishing, Omni-Scriptum GmbH et Co. KG, avril 2016.
ISBN 978-3-659-88129-9.

[3]. F. A. S. Soliman, **"Characterization, Simulation, Applications, Deployment and**

Economics of Solar Energy", Lambert Academic Publishing, LAP, Saarbrücken,
Allemagne, mai 2016.
ISBN 978-3-659-89387-2.

[4]. Fouad A. S. Soliman et Hoda A. Ashry, "Role of the Nuclear Technology on Human
Daily Life", livre publié, Lambert Academic Publishing, Omni-Scriptum GmbH et
Co. KG, mai 2016.
ISBN 978-3-659-90461-5.

[5]. Fouad A. S. Soliman, Safaa M. R. El-ghanam et Ashraf M. Abdel-Maksoud,
"Impact de l'environnement spatial sur les appareils et les systèmes électroniques", Publié
Livre, Lambert Academic Publishing, Omni-Scriptum GmbH and Co. KG, juillet 2016.
ISBN : 978-3-659-93044-7

[6]. H. A. Ashry, Fouad A. S. Soliman et S. A. Kamh, "Nuclear Technology : Future
Génération, protection et surveillance", livre publié, Lambert Academic Publishing, Omni-Scriptum GmbH and Co. KG, août 2016.
ISBN : 978-3-659-93921-1

[7]. Fouad. A .S. Soliman, "Agriculture in Remote Areas Based on Solar Energy" (Agriculture dans les régions éloignées basée sur l'énergie solaire), Published Book, Lambert Academic Publishing, Omni-Scriptum GmbH & Co. KG, sept. 2016.
ISBN : 978-3-659-95267-8

[8]. Fouad A. S. Soliman, " Solar-Wind Hybrid Renewable Energy for Sustainable Agri-
culture", livre publié, Lambert Academic Publishing, Omni- Scriptum GmbH and Co.
KG, octobre 2016, numéro : 145917
ISBN : 978-3-659-96384-1

[9]. Fouad A. S. Soliman, High Voltage Transmission Lines : Importance, maintenance
et risques", livre publié, Lambert Academic Publishing, Omni- Scriptum GmbH
et Co. KG, novembre 2016, numéro 147937,
ISBN : 978-3-330-00309-5.

[10]. Hoda A. Ashry et Fouad A. S. Soliman, Nuclear Analytical Techniques and
Sciences modernes, livre publié, Lambert Academic Publishing, Omni-Scriptum
GmbH and Co. KG, décembre 2016, n° : 149558,
ISBN : 978-3-330-01772-6.

[11]. Fouad A. S. Soliman, **L'énergie : histoire, définitions, formes, transformation et Applications,** livre publié, Lambert Academic Publishing, Omni- Scriptum GmbH et Co. KG, janvier 2017.
ISBN : 978-3-330-02939-2.

[12]. Fouad A. S. Soliman, **All About Nuclear Materials, livre publié,** Lambert Academic Publishing, Omni- Scriptum GmbH and Co. KG, 2017. ID du projet (150859)
ISBN:978-3-330-03643-7.

[13]. Fouad A. S. Soliman et Hoda A. Ashry, **Focus sur les trésors de la terre,** Livre publié, Lambert Academic Publishing, Omni-Scriptum GmbH and Co. KG,
Février 2017.
ISBN : 978-3-659-85407-1.

[14]. Fouad A. S. Soliman, **Geothermal Energy Technology,** livre publié, Lambert Academic Publishing, Omni-Scriptum GmbH and Co. KG, mai 2017.
ISBN : 978-3-330-31808-3.

[15]. Fouad A. S. Soliman, **Marine Power Technology and Future of Energy,** publié à l'adresse .
Livre, Lambert Academic Publishing, Omni-Scriptum GmbH and Co. KG, juin 2017.
ISBN : 978-3-330-32467-1.

[16]. Fouad A. S. Soliman et Hoda A. Ashry, **Atomic Batteries : the Easy Energy for Demain",** livre publié, Lambert Academic Publishing, Omni- Scriptum GmbH et Co. KG, juillet 2017.
ISBN:978-3-330-35308-4.

[17]. Fouad A. S. Soliman, et Hoda A. Ashry, **Evolution of Synchrotron Radiation et son importance",** livre publié, Lambert Academic Publishing, Omni-Scriptum GmbH et Co. KG, août 2017.
ISBN : 978-620-2-01385-7

[18]. Fouad A. S. Soliman, **"Mechatronics : Ingénierie multidisciplinaire",** publié
Livre, Lambert Academic Publishing, Omni- Scriptum, GmbH and Co. KG, août 2017.
ISBN : 978-620-0-43740-2.

[19]. Fouad A. S. Solimna et Hoda A. Ashry, **"Gold and Silver Recovery from Déchets électroniques",** Récupération de l'or et de l'argent à partir des déchets électroniques", Publié

Livre Lambert Academic Publishing, Omni-Scriptum GmbH and Co. KG, septembre 2017.

ISBN : 978-620-2-04988-7.

[20]. Fouad A. S. Soliman, **Amira A El-laboudi, et Manal Mahdi**, **"Harvesting Energy and Future Human Needs"**, livre publié, Lambert Academic Publishing, Omni-Scriptum GmbH et Co. KG, novembre 2017.

ISBN : 978-620-2-07981-5.

[21]. **Hoda A. Ashry** et Fouad A. S. Soliman, **"World of Neurons"**, livre publié, Lambert Academic Publishing, Omni- Scriptum GmbH et Co. KG, janvier 2018.

ISBN : 978-613-4-97714-2.

[22]. Fouad A. S. Soliman, **"Role of Engineering in Therapy"**, Livre publié Lambert Academic Publishing, Omni- Scriptum GmbH and Co. KG, avril 2018.

ISBN : 978-613-9-58735-3.

[23]. Fouad A. S. Soliman, **"New Trends in Exploring Earth Treasures"**, publié à l'adresse . Livre, Lambert Academic Publishing, Omni- Scriptum GmbH & Co. KG, Nov. 2019.

ISBN : 978-620-0-46469-9.

[24]. Fouad A. S. Soliman, **"Energy : Ressources, dérivés, durabilité et développement"**.

pment", livre publié Lambert Academic Publishing, Omni-Scriptum GmbH et Co. KG, décembre 2019.

[25]. Fouad A. S. Soliman et **Hamed I. E. Mira**, **"Nuclear Power : History, Materials, ".**

Economics and Future", livre publié Lambert Academic Publishing, Omni- Scriptum GmbH et Co. KG, janvier 2020.

ISBN : 978-620-0-46407-1.

[26]. Fouad A. S. Soliman, **"Renewable Energy and the Future of Human Life" (Les énergies renouvelables et l'avenir de la vie humaine)**, publié en anglais sous le titre **"Renewable Energy and the Future of Human Life"**. Livre. Lambert Academic Publishing. Omni-Scriptum GmbH and Co.KG, février 2020.

ISBN : 978-620-0-53632-7.

[27]. Fouad A. S. Soliman, **Safaa M. R. El-ghanam, et Ashraf M. Abdel-maksoud,**
" **Impact environnemental de l'industrie de l'énergie"**, livre publié Lambert Academic Édition, Omni-Scriptum GmbH et Co. KG, février 2020.

ISBN : 978-620-0-57165-6.

[28]. Fouad A. S. Soliman, et **Amira Abdel-Magid**, "Projections, Developments and
 Exploitation des ressources énergétiques renouvelables" Livre publié, Lambert Academic
 Édition, Omni-Scriptum GmbH et Co. KG, mars 2020.
 ISBN : 978-620-065158-7.

[29]. Fouad A. A. Soliman, et **Wafaa Abd El-Basit**, "Smart Photovoltaic Technologies
 et l'avenir de l'énergie", livre publié, Lambert Academic Publishing, Omni
 Scriptum GmbH et Co. KG, mars 2020.
 ISBN : 978-620-251267-1.

[30]. Fouad A. S. Soliman, et **Sanaa A. Kamh**", Open Source Hardware Technology,
 Livre publié, Lambert Academic Publishing, Omni- Scriptum GmbH and Co. KG,
 Avril 2020.
 ISBN : 978-620-2-51639-6.

[31]. Fouad A. S. Soliman, "Renewable Energy Technologies for Salt Water Desalination",
 Livre publié, Lambert Academic Publishing, Omni-Scriptum GmbH and Co. KG,
 Mai 2020.
 ISBN : 978-620-2-52159-8.

[32]. Fouad A. S. Soliman, " New Trends in Renewable Energy for Humanity Benefits ",
 Livre publié, Lambert Academic Publishing, Omni-Scriptum GmbH and Co. KG, mai
 2020.
 ISBN : 978-620-2-51887-1.

[33]. Fouad A. S. Soliman, et **Ashraf M. Abdel-maksoud**, "Energy Storage, Trans-
 mission and Monitoring", Livre publié, Lambert Academic Publishing, Omni-
 Scriptum GmbH et Co. KG, mai 2020.
 ISBN : 978-6213-94971-2

[34]. Fouad S. S. Soliman, "Climate Effects on PV-Systems and their Maintenance and
 Recycling", livre publié, Lambert Academic Publishing, Omni-Scriptum GmbH
 et Co. KG, juin 2020.
 ISBN : 978-620-2-56451-9.

[35]. Fouad A. S. Soliman et **Hamed I. E. Mira**, "Drones : L'avenir des drones
 Aerial Vehicles", livre publié Lambert Academic Publishing, Omni- Scriptum

GmbH et Co. KG, juin 2020.
ISBN : 978-620-2-66811-8.

[36]. Fouad A. S. Soliman, "**Airborne Geophysical & Remote Sensing Based on Drone**
   Aircrafts", livre publié, Lambert Academic Publishing, Omni-Scriptum GmbH
   et Co. KG, juillet 2020.
   ISBN : 978-620-2-67331-0.

[37]. Fouad A. S. Soliman et **Safaa M. El-ghanam** "Le monde des énergies renouvelables".
   Technologies", livre publié, Lambert Academic Publishing, Omni-Scriptum GmbH
   et Co. KG, août 2020.
   ISBN : 978-620-2-68432-3.

[38]. Fouad A. S. Soliman, et **Ashraf M. Abedel-maksoud**", **Technologies of Stand-alone**
   and Distributed Energy Systems", livre publié, Lambert Academic Publishing,
   Omni-Scriptum GmbH et Co. KG, septembre 2020.
   ISBN : 978-620-0-50455-6.

[39]. Fouad A. S. Soliman, "**A Novel and Efficient Aerial Techniques for UXO Detection**",
   Livre publié, Lambert Academic Publishing, Omni-Scriptum GmbH and Co. KG,
   Septembre 2020.
   ISBN : 978-620-2-79934-8

[40]. Fouad A. S. Soliman et **Ashraf M. Abedel-maksoud**, "**Technology and Future of** ".
   Nano-fluides", livre publié, Lambert Academic Publishing, Omni-Scriptum GmbH
   et Co. KG, sept. 2020.
   ISBN : 978-620-2-80132-4.

[41]. Fouad A. S. Soliman, et **Safaa M. El-ghanam**, "New Trends in the Generation,
   Conversion, transmission et stockage de l'énergie", **livre publié, Lambert Academic**
   Publication, Omni-Scriptum GmbH et Co. KG, octobre 2020.
   ISBN : 978-620-2-80878-1.

[42]. Fouad A. S. Soliman, "**Remote Monitoring, Net Metering, Fault Detection and** ".
   Predictive Maintenance of Electrical Power Systems" Livre publié, Lambert
   Publication académique, Omni-Scriptum GmbH et Co. KG, octobre 2020.
   ISBN : 978-3-330-06474-4.

[43]. Fouad A. S. Soliman, **A. A. Abu Talib** et **Doaa H. Hanafy**, "**PV Shockley-Queasier,** ".

Maximum Power, Green Houses and Rooftop Stations", livre publié, Lambert
Publication académique, Omni-Scriptum GmbH et Co. KG, octobre 2020.
ISBN : 978-620-2.92085-8.

[44]. Fouad A. S. Soliman, **Wafaa A. Zekri, Soha Abel-Azeim,** "**Environmental Impact**
de la production, du transport et de l'industrie de l'électricité", livre publié, Lambert
Publication académique, Omni-Scriptum GmbH et Co. KG, novembre 2020.
ISBN : 978-620-3-02581-1.

[45]. Fouad A. S. Soliman et **Safaa R. El-ghanam, "Future Energy Development**",
Livre publié, Lambert Academic Publishing, Omni-Scriptum GmbH and Co. KG,
Novembre 2020.
ISBN : 978-620-3-041132.

[46]. Fouad A. S. Soliman **et Hamed I. E. Mira, "For More Efficient Solar Energy ".**
Applications", livre publié Lambert Academic Publishing, Omni-Scriptum GmbH
et Co. KG, décembre 2020.
ISBN : 978-620-801002.

[47]. Fouad A. S. Soliman et **Sanaa A. Kamh,** "New Trends in Micro-and Hybrid-Energy ".
Grids", livre publié, Lambert Academic **Publishing**, Omni-Scriptum GmbH and Co.
KG, décembre 2020.
ISBN : 978-620-2-92022-3.

[48]. Fouad A. S. Soliman, "**Trends in Renewable Energy Resources Gridding**", publié à l'adresse .
Livre Lambert Academic Publishing, Omni-Scriptum GmbH and Co. KG, janvier 2021.
ISBN : 978-620-3-30339-1.

[49]. Fouad A. S. Soliman et **Wafaa Abdel Basit Zekri, "Gridding of Smart Solar**
Energy Systems", livre publié, Lambert Academic Publishing, Omni-Scriptum,
GmbH and Co, K.G. Mars 2021.
ISBN : 978-620-3-46312-5.

[50]. Fouad A. S. Soliman et **Safaa R. El-ghanam, "New Trends in Photovoltaic System",**
Livre publié, Lambert Academic Publishing, Omni-Scriptum GmbH et
Co., K.G., déc. 2020.
ISBN : 978-620-3-47075-8.

[51]. Fouad A. S. Soliman, "Automatic Monitoring of PV-Systems", livre publié Lambert
    Publication universitaire, Omni-Scriptum GmbH et Co. KG, septembre 2021.
    ISBN : 978-620-3-58196-6.

[52]. Fouad A. S. Soliman, et **Ashraf M. Abedel-maksoud**, "Marine Power : the Future
    des énergies renouvelables, livre publié, Lambert Academic Publishing, Omni-Scriptum
    GmbH et Co. KG, novembre 2021.
    ISBN : 978-620-4-71792-0163.

[53]. Fouad A. S. Soliman, "Carbon Capture and Sequestration", Livre publié Lambert
    Publication académique, Omni-Scriptum GmbH et Co. KG, novembre 2021.
    ISBN : 978-620-4-72561-1163.

[54]. Fouad A. S. Soliman et **Hoda A. Ashry**, "Role of Electronics and Computer Scie-
    nces sur la médecine énergétique", livre publié Lambert Academic Publishing, Omni-
    Scriptum GmbH et Co. KG, novembre 2021.
    ISBN : 978-620-4-727387.

[55]. Fouad A. S. Soliman et **Nehal Abou-el fotoh Ali**, "Future Challenges of Electronics ".
    Based on Piezoelectric", livre publié Lambert Academic Publishing Omni-Scriptum
    GmbH et Co. KG, décembre 2021.
    ISBN : 978-620-4-70844.

[56]. Fouad A. S. Soliman, **Ayman H. Shanash et Nehal Abou-el fotoh Ali**, "Sustainale
    Energy for Human Safety and Luxury", livre publié Lambert Academic Publishing,
    Omni-Scriptum GmbH et Co. KG, janvier 2022.
    ISBN : 978-620-4-73029-1163.

[57]. Fouad A. S. Soliman, et **Nehal Abou-el fotoh Ali**, "World of Osmotic Phenomenon",
    Livre publié Lambert Academic Publishing, Omni-Scriptum GmbH & Co. KG,
    Janvier 2021.
    ISBN : 978-620-4-73327-2164.

[58]. Fouad A. S. Soliman, **Ayman H. Shanash & Nehal Abou-el fotoh Ali**, "A Deep Insight
    dans l'avenir de l'énergie, livre publié Lambert Academic Publishing, Omni-Scriptum
    GmbH and Co. KG, janvier 2022.
    ISBN : 978-620-4-73472-9164.

[59]. Fouad A. S. Soliman, **Ayman H. Shanash et Nehal Abou-el fotoh Ali,** "Transitioning from Fossil Fuels to Renewable Energy", livre publié Lambert Academic. Publishing, Omni-Scriptum GmbH et Co. KG, février 2022.
ISBN : 978-620-4-74114-7164.

[60]. Fouad A. S. Soliman, **Ayman H. Shanash et Nehal Abou-el fotoh Ali,** "Ocean Thermal Energy Conversion", livre publié Lambert Academic Publishing, Omni-Scriptum GmbH et Co. KG, février 2022.
ISBN : 978-620-4-74278-61.

[61]. Fouad A. S. Soliman, **Ayman H. Shanash et Nehal Abou-el fotoh Ali,** "The Rapid Movement toward Clean Green World", livre publié par Lambert Academic. Publishing, Omni-Scriptum GmbH et Co. KG, février 2022.
ISBN : 9786-204-745 183.

[62]. Fouad A. S. Soliman, **Ayman H. Shanash et Nehal Abou-el fotoh Ali,** "Renewable Energy Systems Engineering", livre publié Lambert Academic Publishing, Omni-Scriptum GmbH et Co. KG, février 2022.
ISBN : 978-620-4-74716-3.

[63]. Fouad A. S. Soliman, **Ayman H. Shanash et Nehal Abou-el fotoh Ali,** "From A - To Z-about Renewable Energy", livre publié par Lambert Academic Publishing, Omni-Scriptum GmbH et Co. KG, mars 2022.
ISBN : 9786-202-053099.

[64]. Fouad A. S. Soliman, **Hamed I. E. Mira et Nehal Abou-el fotoh Ali,** "Steps on the Way of Energy Future and Conservation", livre publié par Lambert Academic Publishing, Omni-Scriptum GmbH et Co. KG, mars 2022.
ISBN : 9786-139-448388.

[65]. Fouad A. S. Soliman, **Nehal Abou-el fotoh Ali & Karima A. Mahmoud,** "Engineering et une vie intelligente confortable", livre publié Lambert Academic Publishing, Omni-Scriptum GmbH et Co. KG, mars 2022.
ISBN : 978-620-0-24999-91.

[66]. Fouad A. S. Soliman, **Hoda A. Ashry et Nehal Abou-el fotoh Ali,** "World of Fuel ". Cellules", livre publié Lambert Academic Publishing, Omni-Scriptum GmbH and Co.

KG, avril 2022.
ISBN : 978-620-4-74855-91.

[67]. Fouad A. S. Soliman, **Nehal Abou-el fotoh Ali et Wafaa A. Zekri, "Photovoltaic Systems Engineering"**, livre publié Lambert Academic Publishing, Omni-Scriptum GmbH et Co. KG, avril 2022.
ISBN : 978-620-4-74893-11.

[68]. Fouad A. S. Soliman, **Amira A. Abo-talib et Doaa H. Hanafy, " Role of Electronic Engineering on Automotive and Mechanic Science,** Livre publié Lambert Academic Édition, Omni-Scriptum, GmbH et Co. KG, mai 2022.
ISBN : 978-620-4-75130-61.

[69]. Fouad A. S. Soliman, **Nihal Abou-alfotoh Ali, "Nano-fiber : L'avenir des matériaux",** Livre publié Lambert Academic Publishing, Omni-Scriptum, GmbH and Co. KG, mai 2022.
ISBN : 978-620-4-95505-616.

[70]. Fouad A. S. Soliman, **Sanaa A. Kamh et Doaa H. Hanafy, "The Brilliant Future of Lithium in Energy Storage",** Livre publié Lambert Academic Publishing, Omni-Scriptum, GmbH and Co. KG, mai 2022.
ISBN : 978-620-4-98014-0165519.

[71]. Fouad A. S. Soliman, **et Hamed I. E. Mira, " Stereo Microscope : the Nano-imaging Outil du futur",** livre publié Lambert Academic Publishing, Omni-Scriptum, GmbH et Co. KG, mai 2022.
ISBN : 978-620-5489-406.

[72]. Fouad A. S. Soliman, **Amira A. Abo-talib El-laboudi et Karima A. Mahmoud, "Future of Energy Hybrid Technologies",** livre publié Lambert Academic Édition, Omni-Scriptum, GmbH et Co. KG, mai 2022.
ISBN : 978-620-5489-406.

[73]. Fouad A. S. Soliman, **Wafaa Abdel-basit Zekri et Karima A. Mahmoud, "The Brilliant Future of Digital Imaging",** livre publié Lambert Academic Publishing, Omni-Scriptum, GmbH et Co. KG, août 2022.
ISBN : 978-6205-4956-12.

[74]. Fouad A. S. Soliman, **"Future of Interdisciplinary Sciences",** livre publié

Lambert Academic Publishing, Omni-Scriptum, GmbH and Co. KG, octobre 2022.
ISBN : 978-620-5-50245-71.

[75]. Fouad A. S. Soliman et Karima A. Mahmoud, "Fewer Losses on Renewable ".
Energy Generation and Applications", livre publié Lambert Academic Publishing,
Omni-Scriptum, GmbH et Co. KG, octobre 2022.
ISBN : 978-620-4-980669.

[76]. Fouad A. S. Soliman, **Amira Abou-talib El-laboudi et Doaa H. Hassan**, "Food
Energy", livre publié, Lambert Academic Publishing, Omni-Scriptum, GmbH et
Co. KG, octobre 2022.
ISBN : 978-620-5-50995-116.

[77]. Fouad A. S. Soliman, **Wafaa Abdel-basit Zekri & Karima A. Mahmoud, " The
Brilliant World of Graphene"**, livre publié Lambert Academic Publishing, Omi-
Scriptum, GmbH and Co. KG, octobre 2022.
ISBN : 978-620-5-51599-016.

[78]. Fouad A. S. Soliman, **Amira A. Abo-talib & Doaa H. Hanafy," Wind as a Mainstream
Renewable Power"**, livre publié Lambert Academic Publishing, Omni-Scriptum,
GmbH et Co. KG, octobre 2022.
ISBN : 978-620-5-52588-316.

[79]. Fouad A. S. Soliman et Karima A. Mahmoud, "Unmanned Aerial Vehicle Appli
cations et développement vers un poids de quelques grammes", livre publié Lambert
Publication universitaire, Omni-Scriptum, GmbH et Co. KG, octobre 2022.
ISBN : 978-620-4-980669.

[80]. Fouad A. S. Soliman et **Karima A. Mahmoud**, "The Benefits of Plastic and its
Dangers imminents pour l'humanité". Livre publié Lambert Academic Publishing, Omni-
Scriptum, GmbH and Co. KG, octobre 2022.
ISBN : 978-620-5622472.

[81]. Fouad A. S. Soliman et Karima A. Mahmoud, "Advanced Technologies for Gold ".
Prospection et exploitation minière", Livre publié Lambert Academic Publishing, Omni-
Scriptum, GmbH and Co. KG, février 2023.
ISBN : 978-620-6142263.

[82]. Fouad A. S. Soliman et Karima A. Mahmoud, "Neuro-linguistic Programing",
Livre publié Lambert Academic Publishing, Omni-Scriptum, GmbH and Co. KG,
Mars 2023.
ISBN : 978-620-14432.

[83]. Fouad A. S. Soliman et Karima A. Mahmoud, "Future Techniques in Mind
Mapping", livre publié Lambert Academic Publishing, Omni-Scriptum, GmbH, et
Co. KG, mars 2023.
ISBN : 978-6206-147640.

[84]. Fouad A. S. Soliman et Hamid I. E. Mira, "Copper for Bright Future of Renewable Energy", livre publié Lambert Academic Publishing, Omni-Scriptum, GmbH
et Co. KG, mars 2023.
ISBN : 978-6206-142263.

[85]. Fouad A. S. Soliman, Amira A. Abo-talib et Doaa H. Hanafy, Renewable Energy
le pouvoir du monde d'ici 2050", livre publié Lambert Academic Publishing, Omni-
Scriptum, GmbH and Co. KG, mars 2023.avril 2023.
ISBN : 978-6206-153573.

[86]. Fouad A. S. Soliman, et Karima A. Mahmoud, Global Energy Interconnection and
Practice" Livre publié Lambert Academic Publishing, Omni-Scriptum, GmbH et
Co. KG. avril 2023.
ISBN : 978-6206-153573.

[87]. Fouad A. S. Soliman, Hamid I. E. Mira et Karima A. Mahmoud, "An Insight into
Le monde de la technologie de l'énergie éolienne". Livre publié Lambert Academic Publishing,
Omni-Scriptum, GmbH et Co. KG. Septembre 2023.
ISBN : 978-6206-781967.

[88]. Fouad A. S. Soliman, Wafaa A. Zekri et Karima A. Mahmoud, "Role of Hydrogen
dans la vie humaine". Livre publié Lambert Academic Publishing, Omni-Scriptum, GmbH
et Co. KG. septembre 2023.
ISBN : 978-6206-78625-2.

[89]. Fouad A. S. Soliman, et Karima A. Mahmoud, "Future of Renewable Energy and

Techniques de stockage". Livre publié Lambert Academic Publishing, Omni-Scriptum,
    GmbHet Co. KG. septembre 2023.
    ISBN : 978-6206-790570.
[90]. Fouad A. S. Soliman, Hamid I. E. Mira et Karima A. Mahmoud, "Importance,
    Pauvreté, transmission, sécurité des énergies renouvelables". Livre publié Lambert
    Academic Publishing, Omni-Scriptum, GmbH and Co. KG. Septembre 2023.
    ISBN : 978-6206-8433513.
[91]. Fouad A. S. Soliman, Hamid I. E. Mira et Karima A. Mahmoud, "Toward 100 %
    Énergies renouvelables". Livre publié Lambert Academic Publishing, Omni-Scriptum,
    GmbHet Co. KG. décembre 2023.
    ISBN : 978-620-7-44774-9.
[92]. Fouad A. S. Soliman, et Karima A. Mahmoud, "Vehicles Operation at Non-
    Un avenir pollué". Livre publié Lambert Academic Publishing, Omni-Scriptum,
    GmbH et Co. KG. décembre 2023.
    ISBN : 978-620-7-45399-3.
[93]. Fouad A. S. Soliman, Hamid I. E. Mira et Karima A. Mahmoud, "Drone : the
    La technologie future de l'aviation au service de l'humanité". Livre publié Lambert Academic
    Édition, Omni-Scriptum, GmbH et Co. KG. janvier 2024.
    ISBN : 978-620-7-45869-1.
[94]. Fouad A. S. Soliman et Karima A. Mahmoud, "The World of Photonics". Publié
    Livre Lambert Academic Publishing, Omni-Scriptum, GmbH and Co. KG. Février 2024.
    ISBN : 978-620-7-467945-1.

Karima A. Mahmoud
Chercheur en physique

[1]. Fouad A. S. Soliman et Karima A. Mahmoud, "Future of Composite Materials"
    Livre publié, Lambert Academic Publishing, Omni- Scriptum GmbH and Co. KG,
    Juillet 2019.
    ISBN 978-620-0-24780-3.

[2]. **Fouad A. S. Soliman** et Karima A. Mahmoud, **"Neurons Modeling and Electrical "**.
   Equivalent Circuits", Editions, Omni-Scriptum GmbH and Co. KG, août 2019.
   ISBN 978-620-0-29375-6.

[3]. **Fouad A. S. Soliman** et Karima A. Mahmoud **"Future of Electron Beam Appli- "**.
   cations", Éditions, Omni-Scriptum GmbH et Co. KG, septembre 2019.
   ISBN 978-620-0-43740-2.

[4]. **Fouad A.S.Soliman** et Karima A. Mahmoud, **"Renewable Energy and the Future"**.
   de la vie humaine", livre publié Lambert Academic Publishing, Omni-Scriptum
   GmbH et Co. KG, février 2020.
   ISBN 978-620-0-53632-7.

[5]. **Fouad A. S. Soliman**, Karima A. Mahmoud et Amira Abdel-magid, **"Projections,**
   Développement et exploitation des ressources énergétiques renouvelables" Livre publié,
   Lambert Academic Publishing, Omni Scriptum GmbH et Co. KG, mars 2020.
   ISBN 978-620-065158-7.

[6]. **Fouad A. A. Soliman**, Wafaa Abd El-Basit et Karima A. Mahmoud, **"Smart**
   Les technologies photovoltaïques et l'avenir de l'énergie", livre publié, Lambert
   Academic Publishing, Omni- Scriptum GmbH and Co. KG, mars 2020.
   ISBN 978-620-251267-1

[7]. **Fouad A. S. Soliman, Sanaa A.Kamh** et Karima A. Mahmoud**", Open-Source**
   Hardware Technology, livre publié, Lambert Academic Publishing, Omni-Scriptum GmbH et Co. KG, avril 2020.
   ISBN 978-620-2-51639-6.

[8]. **Fouad A. S. Soliman** et Karima A. Mahmoud, **"New Trends in Renewable**
   Energy for Humanity Benefits", livre publié, Lambert Academic Édition, Omni-Scriptum GmbH et Co. KG, mai 2020.
   ISBN 978-620-2-51887-1.

[9]. **Fouad A. S. Soliman, Ashraf M. Abdel-maksoud** et Karima A. Mahmoud,
   "   Stockage, transmission et contrôle de l'énergie", livre publié, Lambert Academic Publishing, Omni-Scriptum GmbH and Co. K.G., mai 2020.
   ISBN 978-6213-94971-2.

[10]. **Fouad A. S. Soliman**, Karima A. Mahmoud et Amira Abdel-Magid, **"Projections,**

Développement et exploitation des ressources énergétiques renouvelables" Publié
Livre, Lambert Academic Publishing, Omni-Scriptum GmbH and Co. KG, mars 2020.
ISBN 978-620-065158-7.

[11]. **Fouad A. A. Soliman**, Wafaa Abd El-Basit et Karima A. Mahmoud" **Smart Photo-**
voltaic Technologies and the Future of Energy", livre publié, Lambert Academic
Éditions, Omni- Scriptum GmbH et Co. KG, mars 2020.
ISBN 978-620-251267-1

[12]. **Fouad A. S. Soliman, Sanaa A. Kamh et** Karima A. Mahmoud", **Open Source**
Hardware Technology, livre publié, Lambert Academic Publishing, Omni-Scriptum GmbH et Co. KG, avril 2020.
ISBN 978-620-2-51639-6

[13]. Fouad A. S. Soliman et Karima A. Mahmoud, " **New Trends in Renewable**
Energy for Humanity Benefits", livre publié, Lambert Academic Édition, Omni-Scriptum GmbH et Co. KG, mai 2020.
ISBN 978-620-2-51887-1.

[14]. **Fouad A. S. Soliman, Ashraf M. Abdel-maksoud et** Karima A. Mahmoud, **"Energy**
Stockage, transmission et contrôle", livre publié, Lambert Academic Publi-
shing, Omni-Scriptum GmbH et Co. KG, mai 2020.
ISBN 978-613-4-94971-2.

[15]. **Fouad S. S. Soliman, et** Karima A. Mahmoud, **"Climate Effects on PV-Systems**
et leur maintenance et recyclage", livre publié, Lambert Academic Publishing, Omni-Scriptum GmbH et Co. KG, juin 2020.
ISBN 978-620-2-56451-9.

[16]. **Fouad A. S. Soliman, Safaa M. El-Ghanam et** Karima A. Mahmoud, **"The World of**
Gel Technologies", livre publié, Lambert Academic Publishing, Omni-Scriptum
GmbH et Co. KG, août 2020.
ISBN 978-620-2-68432-3.

[17]. **Fouad A. S. Soliman, Ashraf M. Abedel-maksoud et** Karima A. Mahmoud",
Technologies of Stand-alone and Distributed Energy Systems", livre publié,
Lambert Academic Publishing, Omni-Scriptum GmbH et Co. KG, septembre 2020.
ISBN 978-620-0-50455-6.

[18]. Fouad A. S. Soliman, Ashraf M. Abedel-maksoud et Karima A. Mahmoud", Technology and Future of Nano-fluids", livre publié, Lambert Academic Publication, Omni-Scriptum GmbH et Co. KG, septembre 2020.
ISBN 978-620-2-80132-4.

[19]. Fouad A. S. Soliman, Sanaa A. Kamh et Karima A. Mahmoud, "New Trends in Micro-and Hybrid- Energy Grids", livre publié, Lambert Academic Publishing, Omni-Scriptum GmbH et Co. KG, décembre 2020.
ISBN 978-620-2-92022-3.

[20]. Fouad A. S. Soliman, Safaa R. El-Ghanam et Karima A. Mahmoud, "New Trends in Photovoltaic System", livre publié, Lambert Academic Publishing, Omni-Scriptum GmbH and Co., K.G. Déc. 2020.
ISBN 978-620-3-47075-8.

[21]. Fouad A. S. Soliman, Hamed I. E. Mira et Karima A. Mahmoud, "Scrap Tyres entre les technologies de recyclage et de bioénergie", livre publié Lambert Academic Édition, Omni-Scriptum GmbH et Co. KG, mars 2021.
ISBN 978-620-57464-7.

[22]. Fouad A. S. Soliman et Karima A. Mahmoud, "Automatic Monitoring of PV- Systems", livre publié Lambert Academic. Publishing, Omni-Scriptum GmbH and Co. KG, septembre 2021.
ISBN 978-620-3-58196-6.

[23]. Fouad A. S. Soliman, Hamed I. E. Mira et Karima A. Mahmoud, "Hydrogen : The Future of Non-carbon Fuel", livre publié Lambert Academic Publishing, Omni- Scriptum GmbH et Co. KG, octobre 2021.
ISBN 978-620-40 20741-4.

[24]. Fouad A. S. Soliman et Karima A. Mahmoud, "Unmanned Aerial Vehicle Appli cations et développement vers un poids de quelques grammes", livre publié Lambert Publication universitaire, Omni-Scriptum, GmbH et Co. KG, octobre 2022.
ISBN : 978-620-4-980669.

[25]. Fouad A. S. Soliman et Karima A. Mahmoud, "The Benefits of Plastic and its Dangers imminents pour l'humanité", livre publié par Lambert Academic Publishing, Omni-

Scriptum, GmbH and Co. KG, octobre 2022.
ISBN : 978-620-5622472.

[26]. **Fouad A. S. Soliman et** Karima A. Mahmoud, **"Advanced Technologies for Gold ".**
Prospection et exploitation minière", livre publié Lambert Academic Publishing, Omni-Scriptum, GmbH and Co. KG, février 2023.
ISBN : 978-620-6142263.

[27]. **Fouad A. S. Soliman et** Karima A. Mahmoud, **"Neuro-linguistic Programming",**
Livre publié Lambert Academic Publishing, Omni-Scriptum, GmbH and Co. KG,
Mars 2023.
ISBN : 978-620-14432.

[28]. **Fouad A. S. Soliman, et** Karima A. Mahmoud, **"Global Energy Interconnection and**
Pratique". Livre publié Lambert Academic Publishing, Omni-Scriptum, GmbH and Co. KG, avril 2023.
ISBN : 978-6206-153573.

[29]. **Fouad A. S. Soliman, Hamid I. E. Mira et** Karima A. Mahmoud, **"An Insight into**
le monde de la technologie de l'énergie éolienne". Livre publié Lambert Academic Publi-shing, Omni-Scriptum, GmbH et Co. KG. septembre 2023.
ISBN : 978-6206-781967.

[30]. **Fouad A. S. Soliman, Wafaa A. Zekri et** Karima A. Mahmoud, **"Role of Hydrogen**
dans la vie humaine". Livre publié Lambert Academic Publishing, Omni-Scriptum, GmbH et Co. KG. septembre 2023.
ISBN : 978-6206-78625-2.

[31]. **Fouad A. S. Soliman, et** Karima A. Mahmoud, **"Future of Renewable Energy and**
Techniques de stockage". Livre publié Lambert Academic Publishing, Omni-Scriptum, GmbHet Co. KG. septembre 2023.
ISBN : 978-6206-790570.

[32]. **Fouad A. S. Soliman, Hamid I. E. Mira et** Karima A. Mahmoud, **"Importance,**
Pauvreté, transmission, sécurité des énergies renouvelables". Livre publié Lambert Academic Publishing, Omni-Scriptum, GmbH and Co. KG. Septembre 2023.
ISBN : 978-6206-8433513.

[33]. **Fouad A. S. Soliman, Hamid I. E. Mira et** Karima A. Mahmoud, **"Toward 100 %**
   Énergies renouvelables". Livre publié Lambert Academic Publishing, Omni-Scriptum,
   GmbH et Co. KG. décembre 2023.
   ISBN : 978-620-7-44774-9.

[34]. **Fouad A. S. Soliman, et** Karima A. Mahmoud, **"Vehicles Operation at Non-**
   Un avenir pollué". Livre publié Lambert Academic Publishing, Omni-Scriptum,
   GmbH et Co. KG. décembre 2023.
   ISBN : 978-620-7-45399-3.

[35]. **Fouad A. S. Soliman, Hamid I. E. Mira et** Karima A. Mahmoud, **"Drone : the**
   La technologie future de l'aviation au service de l'humanité". Livre publié Lambert Academic
   Édition, Omni-Scriptum, GmbH et Co. KG. janvier 2024.
   ISBN : 978-620-7-45869-1.

[36]. **Fouad A. S. Soliman et** Karima A. Mahmoud, **"The World of Photonics"**. Publié
   Livre Lambert Academic Publishing, Omni-Scriptum, GmbH and Co. KG. Février 2024.
   ISBN : 978-620-7-467945-1.

Remerciements

Nous nous agenouillons avec obséquiosité devant **ALLAH** en le remerciant de m'avoir montré le bon chemin. Sans l'aide de Dieu, nos efforts auraient été vains. C'est par la grâce de Dieu que nous avons pu acquérir cette grande réalisation. Merci aussi pour une personne que nous aimons beaucoup, le Prophète Mohammed {les louanges et la paix de Dieu sur lui}.

Nous tenons également à exprimer notre profonde gratitude à :

- Nuclear Materials Authority, Le Caire, Égypte.

Membre du personnel des différents secteurs.

- Collège des femmes pour les arts, les sciences et l'éducation, Université Ain-shams, Le Caire, Égypte

Membres du personnel du département de physique et du laboratoire de recherche en électronique.

- Centre national de recherche et de technologie sur les rayonnements, Le Caire, Égypte

Membres du personnel du département de physique des rayonnements.

- Membres du personnel du Centre égyptien d'études économiques, de recherche scientifique et environnementale et de développement.

Résumé

Le vote est une méthode permettant à un groupe, tel qu'une assemblée ou un électorat, de prendre une décision collective ou d'exprimer une opinion, généralement à la suite de discussions, de débats ou de campagnes électorales. Les démocraties élisent les titulaires de hautes fonctions par vote. Les habitants d'un lieu représenté par un élu sont appelés "électeurs", et ceux qui votent pour le candidat de leur choix sont appelés "votants". Il existe différents systèmes de collecte des votes, mais si de nombreux systèmes utilisés pour la prise de décision peuvent également servir de systèmes électoraux, ceux qui prévoient une représentation proportionnelle ne peuvent être utilisés que dans le cadre d'élections.

Une machine à voter est une machine utilisée pour enregistrer les votes lors d'une élection sans papier. Les premières machines à voter étaient mécaniques, mais il est de plus en plus courant d'utiliser des machines à voter électroniques. Traditionnellement, une machine à voter est définie par son mécanisme et par le fait que le système comptabilise les votes à chaque lieu de vote ou de manière centralisée. Les machines à voter ne doivent pas être confondues avec les machines à compilation, qui comptabilisent les votes effectués à l'aide de bulletins de vote papier.

Les machines à voter diffèrent en termes de facilité d'utilisation, de sécurité, de coût, de vitesse, de précision et de capacité du public à superviser les élections. Les machines peuvent être plus ou moins accessibles aux électeurs souffrant de différents handicaps.

Les décomptes sont les plus simples dans les systèmes parlementaires où il n'y a qu'un seul choix sur le bulletin de vote, et ils sont souvent effectués manuellement. Dans d'autres systèmes politiques où de nombreux choix figurent sur le même bulletin, les décomptes sont souvent effectués par des machines afin d'obtenir des résultats plus rapides.

Le vote par classement, également connu sous le nom de vote par choix classé ou de vote préférentiel, désigne tout système de vote dans lequel les électeurs utilisent un bulletin de vote classé (ou préférentiel) pour sélectionner plus d'un candidat (ou autre alternative soumise au vote) et pour classer ces choix dans une séquence sur l'échelle ordinale de 1st, 2nd, 3rd, etc. Le vote par ordre de priorité est différent du vote par ordre cardinal, où les candidats sont notés de manière indépendante plutôt que d'être classés. Les différences les plus importantes entre les systèmes de vote par classement résident dans les méthodes utilisées pour décider quel(s) candidat(s) est (sont) élu(s) à partir d'un ensemble donné de bulletins de vote. Certaines des méthodes les plus importantes sont décrites ci-dessous.

Le vote cardinal désigne tout système électoral qui permet à l'électeur d'attribuer à chaque candidat une évaluation indépendante, généralement une note ou un grade. On parle également de système de vote "noté" (rating ballot), "évaluatif", "gradué" ou "absolu". Les méthodes cardinales (basées sur l'utilité cardinale) et les méthodes ordinales (basées sur l'utilité ordinale) sont deux catégories principales de systèmes de vote modernes, avec le vote à la pluralité.

Le vote à plusieurs gagnants, également appelé élections à plusieurs gagnants ou vote par comité ou comité
est un système électoral dans lequel plusieurs candidats sont élus. Le nombre de candidats élus est généralement fixé à l'avance. Par exemple, il peut s'agir du nombre de sièges au parlement d'un pays ou du nombre requis de membres d'une commission. Il existe de nombreux scénarios dans lesquels le vote à plusieurs gagnants est utile. On peut les classer en trois catégories, en fonction de l'objectif principal de l'élection de la commission.

L'écart de vote entre les hommes et les femmes fait généralement référence à la différence entre le pourcentage d'hommes et de femmes qui votent pour un candidat donné. Il est calculé en soustrayant le pourcentage de femmes soutenant un candidat du pourcentage d'hommes soutenant le même candidat (par exemple, si 55 % des hommes soutiennent un candidat et que 44 % des femmes soutiennent le même candidat, il y a un écart de 11 points entre les hommes et les femmes). Contrairement à ce qu'affirment de nombreux médias, les écarts entre les sexes ne sont pas des différences de soutien aux candidats à l'intérieur d'un même sexe, ni le total agrégé des différences entre les hommes et les femmes à l'intérieur d'un même sexe (par exemple, des hommes +10 républicains et des femmes +12 démocrates ne sont pas équivalents à un écart de 22 points entre les sexes).

Le vote électronique (également connu sous le nom de e-voting) est un vote qui utilise des moyens électroniques pour aider ou prendre en charge le dépôt et le dépouillement des bulletins de vote.

En fonction de la mise en œuvre particulière, le vote électronique peut utiliser des machines à voter électroniques autonomes (également appelées EVM) ou des ordinateurs connectés à l'internet (vote en ligne). Il peut englober une gamme de services Internet, allant de la simple transmission de résultats tabulés au vote en ligne complet par l'intermédiaire d'appareils domestiques courants pouvant être connectés. Le degré d'automatisation peut se limiter au marquage d'un bulletin de vote papier, ou peut être un système complet d'entrée des votes, d'enregistrement des votes, de cryptage des données et de transmission aux serveurs, et de consolidation et de tabulation des résultats des élections.

Mots clés

Vote, méthode, groupe, tel que, réunion, électorat, afin de, prendre, décision, collective,
décision, exprimer, opinion, généralement, suivre, discussions, débats, élections, campagnes, démo
craties, élire, titulaires, hautes, fonctions, voter, résidents, lieu, représenté, élu, fonctionnaire, appelé, électeurs, électeurs, qui, voter, choisi, candidat, appelé, électeurs, différents, systèmes, recueillir les votes, tandis que, beaucoup, utilisé, décision, peut également être, utilisé, systèmes électoraux, n'importe, cater, proportionnelle, représentation, peut, seulement, être utilisé dans les élections,, machine à voter, machine, utilisée pour, enregistrer, les, votes, élection, sans, papier, premières machines à voter, étaient, mécaniques, de, plus, en, plus, commun, à, utiliser, machines à voter électroniques, traditionnellement, a été, défini, mécanisme, si, système comptabilise les votes, à chaque lieu de vote, centralement., Les machines à voter, confondues avec les machines à tabuler, comptent les votes, les bulletins de vote papier, diffèrent de l'utilisabilité, de la sécurité, du coût, de la vitesse, de la précision, de la capacité, du public, de superviser les élections, les machines peuvent être, plus ou moins, accessibles, aux électeurs, aux différents handicaps, aux décomptes, aux systèmes parlementaires les plus simples, un seul choix, bulletin de vote, souvent, comptabilisé manuellement, dans d'autres systèmes politiques, plusieurs, choix, sont sur les mêmes, machines pour donner des résultats plus rapides, vote par ordre de priorité, également connu sous le nom de vote par ordre de préférence, vote préférentiel, se réfère, bulletin de vote préférentiel, sélectionner, plus d'un candidat, autre, alternative sur laquelle on vote, classer ces choix, séquence, échelle ordinale, vote classé, différent, vote cardinal, candidats, indépendamment, notés, plutôt que, classés, plus importants, différences, entre, systèmes de vote classé, mensonge, méthodes, utilisées, décider, quel, candidat, ou candidats, est élu, Les méthodes les plus importantes sont décrites ci-dessous. Le vote cardinal désigne un système électoral qui permet à l'électeur de donner à chaque candidat une évaluation indépendante, généralement une note ou un grade. méthodes cardinales, basées sur l'utilité cardinale, méthodes ordinales, ,basées sur l'utilité ordinale, deux catégories principales, systèmes de vote modernes, le long, vote à la pluralité, vote à plusieurs vainqueurs, également appelé, élections à plusieurs vainqueurs, vote en commission, élections en commission, système électoral, candidats multiples, élus, nombre de candidats élus, généralement, fixé, à l'avance, par exemple, nombre, de sièges dans le parlement d'un pays, requis, nombre de membres d'une commission, nombreux scénarios, dans lesquels le vote à plusieurs gagnants est utile, largement classés, en trois classes, en fonction de, principal, objectif, élire la commission, écart de genre, vote, typiquement, se réfère, différence, pourcentage, hommes et femmes, particulier, candidat, calculé, en soustrayant, pourcentage, femmes, soutenant, candidat, pourcentage, hommes, soutenant, pourcentage, hommes, soutenant, candidat, pourcentage, femmes soutenant, même candidat, point gender gap, contrary, many popular media

accounts, gender gaps, within-the-gender, differences, candidate support, aggregate, total, men's and women's, within, gender, differences, republican, democrat, equivalent, point gender gap, electronic voting, e-voting, uses electronic means, either aid, take care, casting and counting ballots, depending, particular implementation, e-voting, may use, standalone electronic voting machines, appelées EVM, ordinateurs, connectées, internet, vote en ligne, englobe, gamme de, services internet, de, transmission de base, résultats tabulés, fonctions complètes, vote en ligne, à travers, appareils domestiques communs connectables, degré d'automatisation, peut être, limité au marquage d'un bulletin de vote en papier, système complet, saisie des votes, enregistrement des votes, cryptage des données, transmission à des serveurs, consolidation, tabulation, et résultats des élections.

Table des matières

Chapitre (1) : Vote, réunions et assemblées 26

Chapitre (2) : La machine à voter 45

Chapitre (3) : Le vote par ordre de priorité 57

Chapitre (4) : Le vote cardinal 67

Chapitre (5) : Vote à plusieurs gagnants et vote utilitaire implicite 73

Chapitre (6) : Le comportement électoral 85

Chapitre (7) : La théorie de l'altruisme dans le vote 100

Chapitre (8) : L'écart entre les sexes en matière de vote 107

Chapitre (9) : Le système des membres supplémentaires (AMS) 113

Chapitre (10) : Machines à voter électroniques 123

Chapitre (11) : Conclusions 153

Chapitre (1) : Vote, réunions et rencontres

1.1. Vote

Dans le sens des aiguilles d'une montre, en partant du haut à gauche : bulletin de vote pour un référendum au Panama, urne pour une élection en France, femmes votant au Bangladesh, machine à voter électronique au Brésil, panneau dans un bureau de vote aux États-Unis, encre électorale sur le doigt d'un homme en Afghanistan.

Le vote est une méthode permettant à un groupe, tel qu'une assemblée ou un électorat, de prendre une décision collective ou d'exprimer une opinion, généralement à la suite de discussions, de débats ou de campagnes électorales. Les démocraties élisent les titulaires de hautes fonctions par vote. Les habitants d'un lieu représenté par un élu sont appelés "électeurs", et ceux qui votent pour le candidat de leur choix sont appelés "votants". Il existe différents systèmes de collecte des votes, mais si de nombreux systèmes utilisés pour la prise de décision peuvent également être utilisés comme systèmes électoraux, ceux qui prévoient une représentation proportionnelle ne peuvent être utilisés que pour les élections.

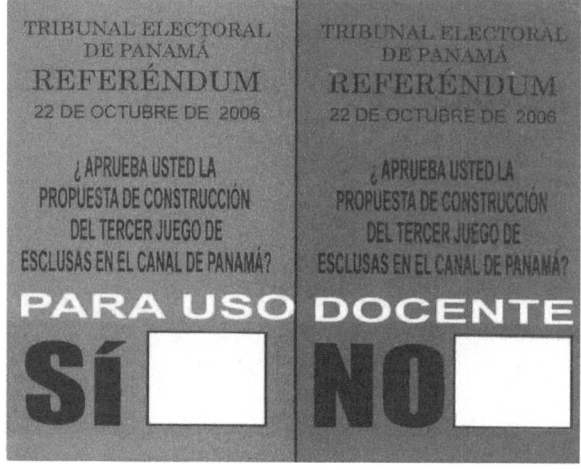

Dans le sens des aiguilles d'une montre, en partant du haut à gauche : bulletin de vote pour un référendum au Panama, urne pour une élection en France, femmes votant au Bangladesh, machine à voter électronique au Brésil, panneau sur un lieu de vote aux États-Unis, encre électorale sur le doigt d'un homme en Afghanistan.

Dans les petites organisations, le vote peut se dérouler de différentes manières. De manière formelle, par le biais d'un bulletin de vote, pour élire d'autres personnes, par exemple sur le lieu de travail, pour élire des membres d'associations politiques ou pour choisir des rôles pour d'autres personnes. De manière informelle, le vote peut prendre la forme d'un accord oral ou d'un geste verbal, comme une main levée ou par voie électronique.

1.1.1. En politique

Dans une démocratie, un gouvernement est choisi par le biais d'une élection : une manière pour un électorat d'élire, c'est-à-dire de choisir, parmi plusieurs candidats pour gouverner [1]. Dans une démocratie représentative, le vote est la méthode par laquelle l'électorat désigne ses représentants au gouvernement et par laquelle les représentants élus prennent des décisions. Dans une démocratie directe, le vote est la méthode par laquelle l'électorat prend directement les décisions, transforme les projets de loi en lois, etc.

Un vote à la majorité est l'expression formelle du choix d'un individu pour ou contre une motion (par exemple, une proposition de résolution), pour ou contre une question de vote, ou pour un candidat, une sélection de candidats ou un parti politique. Un vote préférentiel peut permettre à l'électeur et/ou au représentant élu d'exprimer une, plusieurs ou plusieurs préférences. Lors des élections, de nombreux pays utilisent le vote secret, une pratique visant à empêcher l'intimidation des électeurs et à protéger leur vie privée.

Le vote se déroule souvent dans un bureau de vote ; il est volontaire dans certains pays, obligatoire dans d'autres, comme l'Australie.

1.1.2. Système de prise de décision

Lorsqu'elles prennent une décision, les personnes concernées recherchent un résultat : une opinion majoritaire pour une seule décision ou une seule priorité. Les électeurs et/ou les représentants élus peuvent chercher à identifier cette opinion majoritaire de plusieurs manières. Il y a le vote à la majorité simple, pondérée ou consociative. Il existe également d'autres procédures à options multiples, telles que le vote à deux tours, le vote alternatif AV (également connu sous le nom de vote à ruissellement instantané IRV et de vote unique transférable STV), le vote par approbation, le comptage de Borda BC, le comptage de Borda modifié MBC et la règle de Condorcet, qui sont presque tous également utilisés comme systèmes électoraux. Ils sont décrits ci-dessous.

1.1.3. Systèmes électoraux

Les systèmes électoraux sont plus nombreux, en raison de la représentation proportionnelle. Les personnes concernées peuvent vouloir sélectionner une seule personne, un comité ou un parlement entier. Lors de l'élection d'un président, il n'y a généralement qu'un seul vainqueur, bien que le système original des États-Unis ait également élu le second au poste de vice-président. Lors de l'élection d'un parlement, chacune des nombreuses petites circonscriptions peut élire un seul représentant, comme en Grande-Bretagne, ou chacune des nombreuses circonscriptions plurinominales peut élire quelques représentants, comme en Irlande, ou encore le pays tout entier peut être considéré comme une seule circonscription, comme aux Pays-Bas.

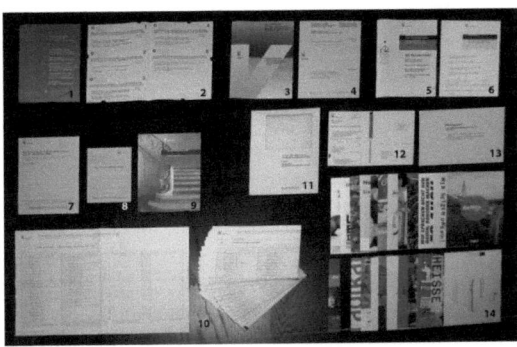

En Suisse, sans avoir besoin de s'inscrire, chaque citoyen reçoit à domicile les bulletins de vote et la brochure d'information pour chaque votation (et peut les envoyer par la poste). La Suisse a un système de démocratie directe et les votations (et élections) sont organisées environ quatre fois par an ; ainsi, en novembre 2008, les citoyens bernois ont dû s'occuper simultanément d'environ 5 référendums nationaux, 2 référendums cantonaux, 4 référendums communaux et 2 élections (gouvernement et parlement de la ville de Berne).

Les différents systèmes de vote utilisent différents types de votes. Le vote à la pluralité n'exige pas que le vainqueur obtienne la majorité des voix ou plus de cinquante pour cent du total des voix exprimées. Dans un système de vote qui utilise un seul vote par course, lorsque plus de deux candidats se présentent, le vainqueur peut couramment obtenir moins de cinquante pour cent des voix.

Un effet secondaire du vote unique par course est le fractionnement des votes, qui tend à élire des candidats qui ne soutiennent pas le centrisme et qui tend à produire un système bipartite. L'une des nombreuses autres procédures d'un système à vote unique est le vote par approbation.

Pour comprendre pourquoi un vote unique par course tend à favoriser les candidats les moins centrés, considérez une expérience de laboratoire simple où les élèves d'une classe votent pour leur bille préférée. Si cinq billes sont nommées et placées "en élection", et si trois d'entre elles sont vertes, une rouge et une bleue, il est rare qu'une bille verte remporte l'élection. En effet, les trois billes vertes diviseront les votes de ceux qui préfèrent le vert. En fait, dans cette analogie, la seule façon pour une bille verte de gagner est que plus de 60 % des électeurs préfèrent le vert. Si le même pourcentage de personnes préfèrent le vert que celles qui préfèrent le rouge et le bleu, c'est-à-dire si 33 % des électeurs préfèrent le vert, 33 % le bleu et 33 % le rouge, alors chaque bille verte n'obtiendra que 11 % des voix, tandis que les billes rouges et bleues obtiendront chacune 33 %, ce qui désavantagera fortement les billes vertes. Si l'on répète l'expérience avec d'autres couleurs, la couleur majoritaire l'emportera encore rarement. En d'autres termes, d'un point de vue purement mathématique, un système à vote unique tend à favoriser un gagnant différent de la majorité.

Avec le vote par approbation, les électeurs sont encouragés à voter pour autant de candidats qu'ils approuvent, de sorte que le gagnant a beaucoup plus de chances d'être l'une des cinq billes, car les personnes qui préfèrent la couleur verte pourront voter pour toutes les billes vertes.

Une évolution du système de "vote unique" consiste à organiser des élections à deux tours ou à répéter le scrutin uninominal à un tour. Ce système est le plus répandu dans le monde. Dans la plupart des cas, le vainqueur doit obtenir une majorité, c'est-à-dire plus de la moitié [2] et si aucun candidat n'obtient la majorité au premier tour, les deux candidats ayant obtenu la plus grande majorité sont sélectionnés pour le second tour. Des variantes existent sur ces deux points : la condition pour être élu au premier tour est parfois inférieure à 50 %, et les règles de participation au second tour peuvent varier.

Une troisième procédure est un système de vote à un tour et à élimination directe (également appelé vote alternatif, vote unique transférable ou vote préférentiel), utilisé dans certaines élections en Australie, aux États-Unis et, sous sa forme RP, en Irlande. Les électeurs classent chaque candidat par ordre de préférence (1, 2, 3, 4, etc.). Les voix sont distribuées à chaque candidat en fonction des préférences attribuées. Si aucun candidat n'obtient 50 % des voix, le candidat ayant obtenu le moins de voix est exclu et les voix sont redistribuées en fonction de l'ordre de préférence de l'électeur.
Le processus se répète jusqu'à ce qu'un candidat obtienne 50 % des voix ou plus. Le système est conçu pour produire le même résultat qu'un scrutin exhaustif, mais en n'utilisant qu'un seul tour de scrutin.

Dans son format PR, PR-STV, dans une circonscription à quatre sièges, chaque candidat disposant d'un quota de 1st préférences sera élu. Dans ce cas, un quota correspond à 20 % + 1 du vote valide. Si un candidat dépasse son quota, son excédent sera réparti entre les autres candidats, au prorata de toutes les préférences de ce candidat (2nd). S'il reste des candidats à élire, le moins populaire est éliminé, comme dans le cas de l'AV ou de l'IRV, et le processus se poursuit jusqu'à ce que quatre candidats aient atteint un quota.

Dans le système de quotas Borda, QBS, Emerson P (2012) [3], les électeurs expriment également leurs préférences, 1, 2, 3, 4... comme ils le souhaitent. Dans l'analyse, toutes les premières préférences sont comptabilisées ; toutes les 2nd préférences sont comptabilisées ; et après que ces préférences ont été traduites en points conformément aux règles d'un MBC, les points des candidats sont également comptabilisés. Les sièges sont attribués à tout candidat disposant d'un quota de 1ères préférences, à toute paire de candidats disposant de deux quotas de $1/2^{stnd}$ préférences et, si des sièges restent à pourvoir, aux candidats ayant obtenu les scores MBC les plus élevés.

Dans un système de vote qui utilise des votes multiples, l'électeur peut voter pour n'importe quel sous-ensemble d'alternatives. Ainsi, un électeur peut voter pour Alice, Bob et Charlie, et rejeter Daniel et Emily. Le vote par approbation utilise ce type de votes multiples.

Dans un système de vote qui utilise un classement, l'électeur doit classer les alternatives par ordre de préférence. Par exemple, il peut voter pour Bob en premier lieu, puis pour Emily, Alice, Daniel et enfin Charlie. Les systèmes de vote par ordre de préférence, tels que ceux utilisés en Australie et en Irlande, utilisent un vote par ordre de préférence.

Dans un système de vote par score (ou vote par fourchette), l'électeur attribue à chaque alternative un nombre compris entre un et dix (les limites supérieures et inférieures peuvent varier).

Certains systèmes à gagnants multiples, comme le vote unique non transférable (VUNT) utilisé en Afghanistan, ne prévoient qu'un seul vote ou un seul vote par électeur et par poste disponible. Dans ce cas, l'électeur peut voter pour Bob et Charlie sur un bulletin de vote à deux voix. Ces types de systèmes peuvent utiliser le vote classé ou non classé et sont souvent utilisés pour les postes à pourvoir, comme dans certains conseils municipaux.

Enfin, la règle de Condorcet, utilisée (le cas échéant) dans la prise de décision. Les électeurs ou les représentants élus expriment leurs préférences sur une, plusieurs ou toutes les options, 1,2,3,4... comme dans PR-STV ou QBS. Dans l'analyse, l'option A est comparée à l'option B, et si l'option A est plus populaire que l'option B, l'option A l'emporte. Ensuite, l'option A est comparée à l'option C, puis à l'option D, et ainsi de suite. De même, l'option B est comparée à l'option C, puis à l'option D, etc. L'option qui remporte le plus grand nombre de paires (s'il y en a une) est le vainqueur de Condorcet.

1.1.4. Référendums

Lorsque les citoyens d'un pays sont invités à voter, il s'agit d'une élection. Toutefois, les citoyens peuvent également voter dans le cadre de référendums et d'initiatives. Depuis la fin du XVIIIe siècle, plus de cinq cents référendums nationaux (y compris des initiatives) ont été organisés dans le monde, dont plus de trois cents en Suisse [4]. L'Australie arrive en deuxième position avec des dizaines de référendums.

La plupart des référendums sont binaires. Le premier référendum à options multiples a été organisé en Nouvelle-Zélande en 1894, et la plupart d'entre eux se déroulent selon un système à deux tours. La Nouvelle-Zélande a organisé un référendum à cinq options en 1992, tandis que Guam a organisé un plébiscite à six options en 1982, qui proposait également une option en blanc, au cas où certains électeurs souhaiteraient (faire campagne et) voter pour une septième option.

1.1.5. Systèmes de vote
1.1.5.1. Vote équitable

Les résultats peuvent conduire au mieux à la confusion, au pire à la violence et même à la guerre civile, dans le cas de rivaux politiques. De nombreuses alternatives peuvent se situer dans la latitude de l'indifférence - elles ne sont ni acceptées ni rejetées. Éviter le choix que la plupart des gens rejettent fermement peut parfois être aussi important que de choisir celui qu'ils préfèrent.

La théorie du choix social définit des critères apparemment raisonnables qui permettent de mesurer l'équité de certains aspects du vote, notamment la non-dictature, le domaine illimité, la non-imposition, l'efficacité de Pareto et l'indépendance des alternatives non pertinentes, mais le théorème d'impossibilité d'Arrow stipule qu'aucun système de vote ne peut satisfaire à toutes ces normes.

Afin de garantir un vote équitable et d'empêcher l'utilisation abusive de la plateforme de micro-blogging, Twitter a annoncé l'ajout d'une fonction permettant aux utilisateurs de signaler les contenus qui induisent les électeurs en erreur. Cette annonce a été faite au moment où des élections générales allaient se tenir en Inde et dans d'autres pays [5].

1.1.5.2. Vote négatif

Le vote négatif permet d'exprimer sa désapprobation à l'égard d'un candidat. À des fins explicatives, considérons un système de vote hypothétique qui utilise le vote négatif. Dans ce système, un seul vote est autorisé, avec le choix de voter pour ou contre un candidat. Chaque vote positif ajoute un point au total général d'un candidat, tandis qu'un vote négatif en retranche un, ce qui permet d'obtenir une favorabilité nette. Le candidat qui obtient le plus grand nombre de votes favorables est déclaré vainqueur. Notez que non seulement un total négatif est possible, mais qu'un candidat peut même être élu avec 0 voix si suffisamment de voix négatives sont exprimées contre ses adversaires.

Dans ce cas, le vote négatif n'est pas différent d'un système de vote positif, lorsque seuls deux candidats sont en lice. Cependant, dans le cas de trois candidats ou plus, chaque vote négatif pour un candidat compte positivement pour tous les autres candidats. Prenons l'exemple suivant :

Trois candidats se présentent pour le même siège. Deux résultats électoraux hypothétiques sont donnés, opposant le vote positif et le vote négatif. On suppose que la précision des sondages et le taux de participation sont tous deux de 100 %.

Résultats d'une élection avec vote positif : Les électeurs A, avec un net avantage de 40%, votent logiquement pour le candidat A. Les électeurs B, peu confiants dans les chances de leur candidat, divisent leurs votes exactement en deux, donnant aux candidats A et C 15% chacun. Les électeurs C votent eux aussi logiquement pour leur candidat. A gagne avec 55 %, C avec 45 % et B avec 0 %.

Current standing in the polls		
Candidate	Party	Polling
A	Party 1	40%
B	Party 2	30%
C	Party 3	30%

Election results after positive voting				
Candidates	A voters	B voters	C voters	Net total
A	+40	+15	0	+55
B	0	0	0	0
C	0	+15	+30	+45

Election results after negative voting				
Candidates	A voters	B voters	C voters	Net total
A	+40	-15	-30	-5
B	0	0	0	0
C	0	-15 30	0	-15

Résultats des élections avec vote négatif : Les électeurs A, avec un net avantage de 40 %, votent à nouveau logiquement pour le candidat A. Les électeurs B se divisent exactement en deux. Chaque électeur B décide de voter négativement contre le candidat qu'il préfère le moins, avec le raisonnement que ce vote négatif lui permet d'exprimer son approbation pour les deux autres candidats. Les électeurs C décident également de voter négativement contre le candidat A, avec un raisonnement similaire. Le candidat B l'emporte avec 0 voix. Il y a eu suffisamment de votes négatifs contre les adversaires du candidat B, ce qui a donné des totaux négatifs. Le candidat A, bien qu'ayant obtenu 40 % des voix, se retrouve avec -5 %, ce qui s'explique par les 45 % de votes négatifs exprimés par les électeurs des partis B et C. Le candidat C se retrouve avec -15%.

1.1.5.3. Vote par procuration

Le vote par procuration est le type de vote dans lequel un citoyen inscrit qui peut voter transmet son vote à un autre électeur ou à un autre groupe d'électeurs de manière légitime.

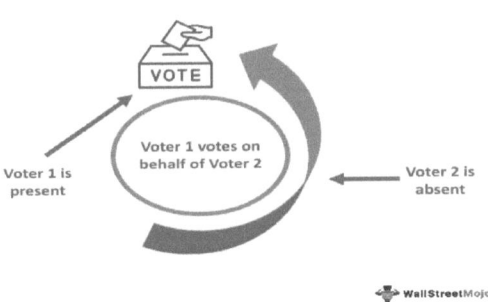

1.1.6. Anti-vote

En Afrique du Sud, les campagnes anti-vote menées par les citoyens pauvres sont très présentes. Ils avancent l'argument structurel qu'aucun parti politique ne les représente vraiment. C'est ainsi qu'est née la campagne "No Land ! Pas de maison ! Pas de vote !" Une campagne qui prend de l'ampleur à chaque fois que le pays organise des élections [6, 7]. Cette campagne est très présente dans trois des plus grands mouvements sociaux d'Afrique du Sud : la Western Cape Anti-Eviction Campaign, Abahlali base-Mjondolo et le Landless Peoples Movement (Mouvement des sans-terre).

D'autres mouvements sociaux dans d'autres parties du monde ont également des campagnes similaires ou des préférences sans vote. Il s'agit notamment de l'Armée zapatiste de libération nationale et de divers mouvements anarchistes.

Il est possible de voter blanc, en effectuant l'acte de vote, qui peut être obligatoire, sans sélectionner de candidat ou d'option, souvent en guise de protestation. Dans certaines juridictions, il existe une option officielle "aucune de ces options", qui est comptabilisée comme un vote valide. En général, les votes blancs et nuls sont comptabilisés (ensemble ou séparément) mais ne sont pas considérés comme valides.

1.1.7. Vote et information

La science politique moderne s'est interrogée sur le fait de savoir si les citoyens moyens disposaient d'informations politiques suffisantes pour voter de manière pertinente. Une série d'études réalisées par l'université du Michigan dans les années 1950 et 1960 ont montré que les électeurs n'avaient pas une compréhension de base des questions d'actualité, de la dimension idéologique libérale-conservatrice et du dilemme idéologique relatif [8]

Des études menées dans d'autres institutions ont suggéré que l'apparence physique des candidats est un critère sur lequel les électeurs fondent leur décision [9, 10].

1.1.8. Opinions religieuses

Les chrétiens delphiens, les témoins de Jéhovah, les Amish de l'ancien ordre, les rastafariens, les Assemblées de Yahvé et certains autres groupes religieux ont pour politique de ne pas participer à la vie politique par le biais du vote [11, 12]. Les rabbins de toutes les confessions juives encouragent le vote ; certains le considèrent même comme une obligation religieuse [13].

1.2. Réunions et rassemblements
1.2.1. Préface

Lorsque plusieurs personnes qui ne sont pas toutes d'accord doivent prendre une décision, le vote est un moyen très courant de parvenir à une décision de manière pacifique. Le droit de vote est généralement réservé à certaines personnes. Les membres d'une société ou d'un club, ou les actionnaires d'une entreprise, mais pas les personnes extérieures, peuvent élire ses dirigeants, ou adopter ou modifier ses règles, d'une manière similaire à l'élection de personnes à des postes officiels. Un panel de juges, qu'il s'agisse d'autorités judiciaires officielles ou de juges de la compétition, peut décider par vote. Un groupe d'amis ou les membres d'une famille peuvent décider du film à voir en votant. La méthode de vote peut aller de la soumission formelle de votes écrits, en passant par le vote à main levée, le vote vocal ou les systèmes de réponse de l'auditoire, jusqu'à la prise en compte informelle du résultat qui semble être préféré par le plus grand nombre de personnes.

1.2.2. Base de vote

Selon le Robert's Rules of Order, un guide de procédure parlementaire largement utilisé, les bases pour déterminer le résultat du vote se composent de deux éléments :

- le pourcentage de votes requis pour qu'une proposition soit adoptée ou qu'un candidat soit élu (par exemple, plus de la moitié, deux tiers, trois quarts, etc.) ; et

- l'ensemble des membres auxquels la proportion s'applique (par exemple, les membres présents et votants, les membres présents, l'ensemble des membres de l'organisation, l'ensemble de l'électorat, etc. Un exemple est un vote à la majorité des membres présents et votants.

Le résultat du vote peut également être déterminé par la pluralité, c'est-à-dire le plus grand nombre de voix parmi les choix possibles [15]. En outre, une décision peut être prise sans vote formel en utilisant le consentement unanime [16].

Une méthode de vote est la manière dont les gens votent lors d'une élection ou d'un référendum. Il existe plusieurs méthodes différentes utilisées dans le monde.

1.2.3. Méthodes de vote dans les assemblées délibérantes

Les assemblées délibérantes - organes qui utilisent la procédure parlementaire pour prendre des décisions - utilisent plusieurs méthodes de vote sur les motions (proposition formelle d'un ou de plusieurs membres d'une assemblée délibérante visant à ce que l'assemblée prenne certaines mesures). Les méthodes habituelles de vote dans ces organes sont le vote à voix haute, le vote par assis et levé et le vote à main levée. D'autres formes de vote sont le vote enregistré et le scrutin. L'assemblée peut décider de la méthode de vote en adoptant une motion à ce sujet. Les différentes assemblées législatives peuvent avoir leurs propres méthodes de vote.

1.2.4. Méthodes de vote
1.2.4.1. Méthodes fondées sur le papier

Premier vote d'une jeune femme. Cook-town, Australie

La méthode de vote la plus courante consiste à utiliser des bulletins de vote en papier sur lesquels les électeurs marquent leurs préférences. Il peut s'agir de marquer leur soutien à un candidat ou à un parti figurant sur le bulletin de vote, ou d'écrire le nom du candidat qu'ils préfèrent s'il ne figure pas sur le bulletin.

Lettres de vote en Israël.

En Israël, on utilise un système alternatif basé sur le papier, connu sous le nom de "ballot letters". Les isoloirs contiennent un plateau avec les bulletins de chaque parti en lice pour les élections ; les bulletins sont marqués avec la ou les lettres attribuées à ce parti. Les électeurs reçoivent une enveloppe dans laquelle ils glissent le bulletin du parti pour lequel ils souhaitent voter, avant de déposer l'enveloppe dans l'urne. Le même système est également appliqué en Lettonie.

1.2.4.2. Vote à la machine

Le vote par machine utilise des machines à voter, qui peuvent être manuelles (par exemple, des machines à levier) ou électroniques [17].

1.2.4.3. Vote en ligne

Dans certains pays, les citoyens sont autorisés à voter en ligne. L'Estonie a été l'un des premiers pays à utiliser le vote en ligne : il a été utilisé pour la première fois lors des élections locales de 2005 [18].

1.2.4.4. Vote par correspondance

De nombreux pays autorisent le vote par correspondance, c'est-à-dire que les électeurs reçoivent un bulletin de vote qu'ils doivent renvoyer par la poste.

1.2.4.5. Bulletin de vote ouvert

Contrairement au vote à bulletin secret, le vote à bulletin ouvert se déroule en public et se fait généralement à main levée. Un exemple est le système de la Landsgemeinde en Suisse, qui est encore utilisé dans les cantons d'Appenzell-Rhodes-Intérieures, de Glaris, des Grisons et de Schwyz.

1.2.4.6. Vote en dollars

Le vote en dollars est une analogie qui fait référence à l'impact théorique du choix des consommateurs sur les actions des producteurs par le biais du flux des paiements des consommateurs aux producteurs pour leurs biens et services.

1.2.4.6.1. Vue d'ensemble

Dans certains manuels de principes du milieu du 20e siècle, le terme "vote en dollars" était utilisé pour décrire le processus par lequel les choix des consommateurs influencent les décisions de production des entreprises. Les produits que les consommateurs achètent auront tendance à être produits à l'avenir. Les produits qui ne se vendent pas aussi bien que prévu recevront moins de ressources productives à l'avenir. Selon cette analogie, les consommateurs votent pour les "gagnants" et les "perdants" lors de leurs achats. Cet argument a été utilisé pour expliquer et répartir les biens et services sur le marché, sous le nom de "souveraineté du consommateur".

Les boycotts de consommateurs visent parfois à modifier le comportement des producteurs. Les objectifs des boycotts sélectifs, ou votes en dollars, ont été divers et ont porté sur les revenus des entreprises, la révocation de dirigeants clés ou l'atteinte à la réputation [20].

L'idée moderne du vote en dollars remonte à son développement par James M. Buchanan dans Individual Choice in Voting and the Market [21]. En tant que théoricien des choix publics, Buchanan considérait la participation économique de l'individu comme une forme de démocratie pure [22]. Également connu sous le nom de consumérisme politique, l'histoire du vote par dollar aux États-Unis remonte à la Révolution américaine, lorsque les colons ont boycotté plusieurs produits britanniques pour protester contre l'imposition sans représentation [23].

Si les électeurs se sentent privés de leurs droits politiques, ils peuvent utiliser leur pouvoir d'achat pour influencer la politique et l'économie. Les consommateurs utilisent le vote par dollar parce qu'ils espèrent avoir un impact sur les valeurs de la société et sur l'utilisation des ressources [23].

1.2.4.6.2. Critiques

Le vote par dollar a fait l'objet de critiques dans l'Amérique moderne en raison de son appartenance à une classe sociale. Le vote par dollar est typiquement utilisé par les consommateurs des classes moyennes et supérieures qui dépensent leur argent sur les marchés de producteurs locaux, dans les programmes agricoles communautaires et dans la préparation de "slow food" (nourriture lente) [24]. Ces achats n'affectent pas les producteurs et les consommateurs à faibles revenus sur le marché alimentaire [24]. Le vote à un dollar a également été critiqué comme étant une forme de consommation ostentatoire pour les personnes aisées [24].

Le vote en dollars a également été critiqué comme étant une sorte de vigilance des consommateurs. Bien que la plupart des économistes et des philosophes économiques reconnaissent que les consommateurs ont le droit de faire des choix moraux personnels sur le marché, les mouvements à grande échelle visant à influencer les dépenses des consommateurs pourraient avoir des implications potentiellement dangereuses [25].

Les efforts visant à encourager les sociétés et les entreprises à agir dans le respect de l'environnement sont devenus populaires. Il n'est pas certain que les entreprises qui créent des externalités environnementales négatives modifient réellement leur méthode de production pour satisfaire ces désirs [26]. Le vote en dollars pourrait également dissuader les citoyens de s'efforcer de légiférer pour contrôler l'intérêt personnel des entreprises et des consommateurs, en transférant cette responsabilité au marché.

1.2.4.7. Autres méthodes

En Gambie, le vote se fait à l'aide de billes, une méthode introduite en 1965 pour lutter contre l'analphabétisme. Les bureaux de vote contiennent des tambours métalliques peints aux couleurs et aux emblèmes des partis, auxquels sont attachées les photos des candidats [27]. Les électeurs reçoivent une bille qu'ils placent dans le tambour du candidat de leur choix ; lorsqu'ils la laissent tomber dans le tambour, une cloche retentit pour enregistrer le vote. Pour éviter toute confusion, les bicyclettes sont interdites à proximité des bureaux de vote le jour de l'élection. Si la bille est laissée sur le dessus du tambour au lieu d'y être placée, le vote est considéré comme nul [28].

Un système similaire, utilisé dans les clubs sociaux, consiste à donner aux électeurs une boule blanche pour indiquer leur soutien et une boule noire pour indiquer leur opposition. C'est ce qui a conduit à l'invention du terme "blackballing".

1.2.4.7. En personne

Certains votes sont effectués en personne si toutes les personnes habilitées à voter sont présentes. Il peut s'agir d'un vote à main levée ou d'un vote par clavier.

1.3. Références

[1]. "Voting - GOV.UK". www.gov.uk. Consulté le 9 juin 2018.
[2]. Règle de la majorité.
[3]. De la règle de la majorité à la politique inclusive. Heidelberg : Springer. p 80.
   ISBN 978-3-319-23499-1
[4]. Bruno S. Frey et Claudia Frey Marti, Le bonheur. L'approcheéconomique,
   Presses Polytechniques et Universitairesromandes, 2013 (ISBN 978-2-88915-010-6).
[5]. "Twitter ajoute une fonction permettant aux utilisateurs de signaler les contenus qui induisent les électeurs en erreur".
   thehindubusinessline. 24 avril 2019.
[6]. La campagne "Pas de terre, pas de maison, pas de vote" se poursuit en 2009. AbahlalibaseMjondolo.
   5 mai 2005.
[7]. "IndyMedia présente : Pas de terre ! Pas de maison ! Pas de vote !". Campagne anti-expulsion.
   12 décembre 2005. Archivé le 25 avril 2009.

[8]. Cambridge : Cambridge University Press. (Résumé)
[9]. Kesten C. Greene, J. Scott Armstrong, Randall J. Jones Jr. et Malcolm Wright
  (2010). "Predicting Elections from Politicians' Faces" (PDF).
[11]. Andreas Graefe& J. Scott Armstrong (2010).
  "Predicting Elections from Biographical Information about Candidates" (PDF).
[12]. Leibenluft, Jacob (28 juin 2008). "Pourquoi les Témoins de Jéhovah ne votent-ils pas ?
  Parce qu'ils sont les représentants du royaume céleste de Dieu" . L'ardoise.
[13]. https://www.assembliesofyahweh.com/statement-of-doctrine/[bare URL]
[14]. "Demandez aux rabbins // Le vote". Moment Magazine. Mai-juin 2016. 10 octobre 2016.
[15]. Robert, Henry M. ; et al. (2011). Robert's Rules of Order Newly Revised (11e éd.).
  Philadelphie, PA : Da Capo Press. p. 402. ISBN 978-0-306-82020-5.
[16]. Robert 2011, pp. 404-405
[17]. Robert 2011, p. 54
[18]. 1198 not-read-how-vote-makes-cleaner-fairer-elections-making-their : Faire sa marque.
  The Economist, 5 avril 2014
[19]. Méthodes de vote en Estonie : Statistiques sur le vote par internet en Estonie VVK
[20]. Godfrey, Neale. "Mettez votre argent là où se trouve votre bouche. Votez avec vos dollars".
  Le Huffington Post, 20 février 2017. Consulté le 10 juin 2018.
[21]. Buchanan, James M. (1954). "Le choix individuel dans le vote et le marché".
  Journal of Political Economy. 62 (4) : 334-343. doi:10.1086/257538.
  ISSN 0022-3808. JSTOR 1827235. S2CID 153750341.
[22]. Buchanan, James M. "Individual Choice in Voting and the Market".
  Journal of Political Economy 62, no. 4 (1954) : 334-43. JSTOR 1827235.
[23]. Newman, Benjamin J., et Brandon L. Bartels. "Politics at the Checkout Line :
  Explication du consumérisme politique aux États-Unis". Political Research Quarterly 64,
  no. 4 (2011) : 803-17. JSTOR 23056348.
[24]. Haydu, Jeffrey. "Consumer Citizenship and Cross-Class Activism : The Case of the
  National Consumers' League, 1899-1918". Sociological Forum 29, no. 3 (2014) :
  628-49. JSTOR 43653954.
[25]. Hussain, Waheed. "Is Ethical Consumerism an Impermissible Form of Vigilantism ?" (Le consumérisme éthique est-il une forme inadmissible de vigilantisme ?)
  Philosophy & Public Affairs 40, no. 2 (2012) : 111-43. JSTOR 23261269.

[26]. Johnston, Josée. "L'hybride citoyen-consommateur : les tensions idéologiques et le cas du
  Whole Foods Market". Theory and Society 37, no. 3 (2008) : 229-70. JSTOR 40211036.
[27]. Les Gambiens votent avec leurs billes BBC News, 22 septembre 2006
[28]. The Gambia vote a roll of the marbles The Telegraph, 29 novembre 2016
[29]. Élections en Gambie : Voters use marbles to choose President BBC News, 30 novembre 2016.

Chapitre (2) : La machine à voter

2.1. Préface

Une machine à voter est une machine utilisée pour enregistrer les votes lors d'une élection sans papier. Les premières machines à voter étaient mécaniques, mais il est de plus en plus courant d'utiliser des machines à voter électroniques. Traditionnellement, une machine à voter est définie par son mécanisme et par le fait que le système comptabilise les votes à chaque lieu de vote ou de manière centralisée. Les machines à voter ne doivent pas être confondues avec les machines à compilation, qui comptabilisent les votes effectués par bulletin de vote papier. Les machines à voter diffèrent en termes de facilité d'utilisation, de sécurité, de coût, de vitesse, de précision et de capacité du public à superviser les élections. Les machines peuvent être plus ou moins accessibles aux électeurs souffrant de différents handicaps.

Les décomptes sont les plus simples dans les systèmes parlementaires où il n'y a qu'un seul choix sur le bulletin de vote, et ils sont souvent effectués manuellement. Dans d'autres systèmes politiques où de nombreux choix figurent sur le même bulletin, les décomptes sont souvent effectués par des machines afin d'obtenir des résultats plus rapides.

2.2. Machines historiques

Dans l'Athènes antique (5th et 4e siècles avant notre ère), le vote se faisait à l'aide de cailloux de différentes couleurs déposés dans des urnes et, plus tard, à l'aide de marqueurs en bronze créés par l'État et officiellement estampillés. Cette procédure était utilisée pour les fonctions électives, les procédures de jury et les ostracismes [1]. Les bulletins de vote en papier ont été utilisés pour la première fois à Rome en 139 avant notre ère, et pour la première fois aux États-Unis en 1629, lors de la sélection d'un pasteur pour l'église de Salem [2].

2.3. Vote mécanique
2.3.1. Boules

La première grande proposition d'utilisation de machines à voter a été faite par les Chartistes au Royaume-Uni en 1838 [3]. Parmi les réformes radicales demandées dans la Charte du peuple figuraient le vote universel, le vote par correspondance et le vote par procuration.
et le vote à bulletin secret. En tant que réformateurs responsables, les Chartistes ne se sont pas contentés d'exiger des réformes, ils ont également décrit la manière de les mettre en œuvre, en publiant l'annexe A, une description de la manière de gérer un bureau de vote, et l'annexe B, une description de la machine à voter à utiliser dans un tel bureau de vote [4, 5].

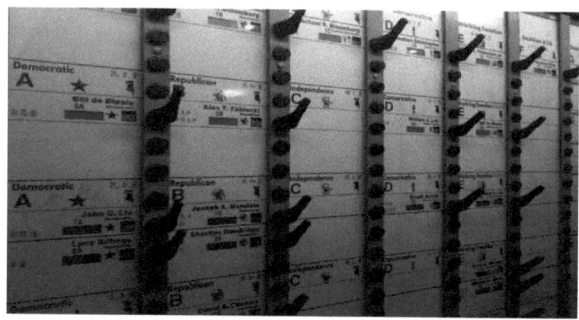

La machine à voter chartiste, attribuée à Benjamin Jolly de 19 York Street à Bath, permettait à chaque électeur de voter une seule fois. Cela correspondait aux exigences d'une élection parlementaire britannique. Chaque électeur devait voter en déposant une boule de laiton dans le trou prévu à cet effet sur le dessus de la machine, à côté du nom du candidat. Chaque électeur ne pouvait voter qu'une seule fois, car il ne recevait qu'une seule boule de laiton. La boule faisait avancer un compteur d'horlogerie pour le candidat correspondant lorsqu'elle passait dans la machine, puis tombait à l'avant où elle pouvait être remise à l'électeur suivant.

2.3.2. Boutons

En 1875, Henry Spratt, du Kent, a obtenu un brevet américain pour une machine à voter qui présentait le bulletin de vote sous la forme d'une série de boutons-poussoirs, un par candidat [6]. La machine de Spratt a été conçue pour une élection britannique typique avec une seule course à la pluralité sur le bulletin de vote.

En 1881, Anthony Beranek, de Chicago, a breveté la première machine à voter destinée à être utilisée lors d'une élection générale aux États-Unis [7]. La machine de Beranek présentait à l'électeur un ensemble de boutons-poussoirs, avec une ligne par poste sur le bulletin de vote et une colonne par parti. Des verrouillages derrière chaque ligne empêchaient de voter pour plus d'un candidat par course, et un verrouillage avec la porte de l'isoloir réinitialisait la machine pour l'électeur suivant, lorsque chaque électeur quittait l'isoloir.

2.3.3. Jetons

Le psepho-graphe a été breveté par l'inventeur italien Eugenio Boggiano en 1907 [8]. Il fonctionne en déposant un jeton métallique dans l'une des nombreuses fentes étiquetées. Le psepho-graphe comptabilise automatiquement le total des jetons déposés dans chaque fente. Le psepho-graphe a été utilisé pour la première fois dans un théâtre à Rome, où il servait à évaluer l'accueil réservé par le public à une pièce : "bonne", "mauvaise" ou "indifférente" [9].

2.4. Ordinateurs analogiques

La machine à voter créée par Lenna Winslow en 1910 était conçue pour offrir toutes les questions du bulletin de vote aux hommes et seulement quelques-unes aux femmes, car les femmes bénéficiaient souvent d'un suffrage partiel, c'est-à-dire qu'elles étaient autorisées à voter sur des questions, mais pas sur des candidats. La machine comportait deux portes, l'une marquée "Gents" et l'autre "Ladies". La porte utilisée pour entrer dans l'isoloir activait une série de leviers et d'interrupteurs pour afficher le bulletin complet pour les hommes et le bulletin partiel pour les femmes [10, 11].

2.4.1. Cadrans

En juillet 1936, IBM avait mécanisé le vote et le dépouillement des bulletins pour les élections à vote unique transférable. À l'aide d'une série de cadrans, l'électeur pouvait enregistrer jusqu'à vingt préférences classées sur une carte perforée, une préférence à la fois. Les votes par écrit étaient autorisés. La machine empêchait l'électeur de gâcher son bulletin en sautant des classements et en donnant le même classement à plus d'un candidat. Une machine de comptage de cartes perforées standard tabulait les bulletins de vote au rythme de 400 par minute [12].

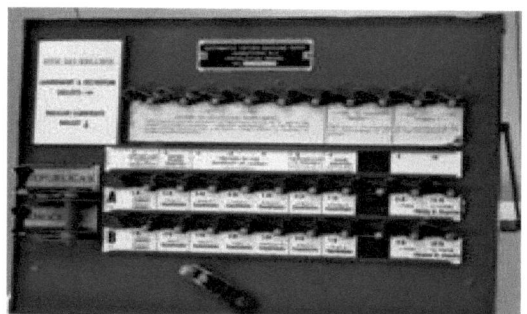

Démonstration d'une machine à voter à levier au Musée national d'histoire américaine.

2.3.5. Leviers

Les machines à levier ont été couramment utilisées aux États-Unis jusque dans les années 1990. En 1889, Jacob H. Myers de Rochester, dans l'État de New York, a obtenu un brevet pour une machine à voter basée sur la machine à bouton poussoir de Beranek de 1881 [13]. Cette machine est utilisée pour la première fois à Lockport, dans l'État de New York, en 1892 [14]. En 1894, Sylvanus Davis a ajouté un levier pour le vote direct et a considérablement simplifié le mécanisme d'emboîtement utilisé pour faire respecter la règle du vote pour un dans chaque course [15]. En 1899, Alfred Gillespie a apporté plusieurs améliorations. C'est lui qui a remplacé l'isoloir en métal lourd par un rideau relié au levier de vote. Il a également introduit le levier situé à côté du nom de chaque candidat, qu'il fallait tourner pour qu'il pointe vers ce nom afin de voter pour ce candidat. À l'intérieur de la machine, Gillespie a trouvé le moyen de la rendre programmable afin qu'elle puisse prendre en charge des courses dans lesquelles les électeurs étaient autorisés à voter, par exemple, pour 3 candidats sur 5 [16].

Le 14 décembre 1900, la U.S. Standard Voting Machine Company est créée, avec Alfred Gillespie comme l'un de ses directeurs, pour combiner les sociétés détentrices des brevets Myers, Davis et Gillespie [17]. Dans les années 1920, cette société (sous différents noms) détient le monopole des machines à voter, jusqu'à ce qu'en 1936, Samuel et Ransom Shoup obtiennent un brevet pour une machine à voter concurrente [18]. En 1934, environ un sixième des bulletins de vote présidentiels étaient déposés sur des machines à voter mécaniques, toutes fabriquées par le même fabricant [19].

En général, un électeur entre dans la machine et tire un levier pour fermer le rideau, déverrouillant ainsi les leviers de vote. L'électeur fait alors son choix parmi une série de petits leviers de vote représentant les candidats ou les mesures appropriés. La machine est configurée pour éviter les votes excédentaires en bloquant les autres candidats lorsque le levier d'un candidat est abaissé. Lorsque l'électeur a terminé, il tire un levier qui ouvre le rideau et incrémente les compteurs appropriés pour chaque candidat et chaque mesure. À la fin de l'élection, les résultats sont copiés à la main par l'agent de circonscription, bien que certaines machines puissent imprimer automatiquement les totaux. New York a été le dernier État à cesser d'utiliser ces machines, sur décision de justice, à l'automne 2009 [20, 21].

2.3.6. Vote par carte perforée

Les systèmes à cartes perforées utilisent une ou plusieurs cartes et un petit dispositif de la taille d'une planchette à pince pour enregistrer les votes. Les électeurs perforent les cartes à l'aide d'un dispositif de marquage des bulletins. Les dispositifs de marquage des bulletins de vote portent généralement une étiquette qui identifie les candidats ou les questions associées à chaque position de perforation sur la carte, bien que dans certains cas, les noms et les questions soient imprimés directement sur la carte. Après avoir voté, l'électeur peut placer son bulletin dans une urne ou l'introduire dans un dispositif informatique de totalisation des votes dans le bureau de vote.

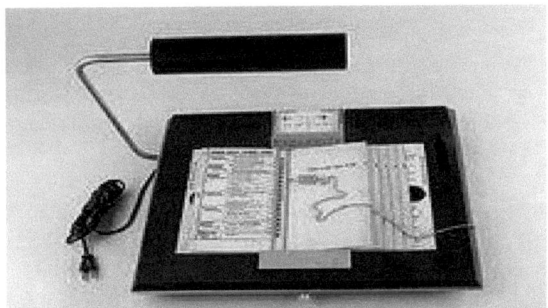

L'enregistreur de vote Votomatic, un système de vote par carte perforée développée au milieu des années 1960.

L'idée de voter en perçant des trous sur du papier ou des cartes est apparue dans les années 1890 [22] et les inventeurs ont continué à l'explorer dans les années qui ont suivi. À la fin des années 1890, la machine à voter de John Mc-Tammany était largement utilisée dans plusieurs États. Dans cette machine, les votes étaient enregistrés en perçant des trous dans un rouleau de papier comparable à ceux utilisés dans les pianos à queue, puis compilés après la fermeture des bureaux de vote à l'aide d'un mécanisme pneumatique.

Le vote par carte perforée a été proposé occasionnellement au milieu du 20e siècle [23], mais le premier grand succès du vote par carte perforée a eu lieu en 1965, avec le développement par Joseph P. Harris du système de carte perforée Votomatic [24-26]. Ce système était basé sur la technologie Port-A-Punch d'IBM.

Harris a concédé la licence du Votomatic à IBM [27]. William Rouverol a construit le système prototype.

Le système Votomatic [28] a connu un grand succès et a été largement diffusé. Lors de l'élection présidentielle de 1996, une variante du système de cartes perforées était utilisée par 37,3 % des électeurs inscrits aux États-Unis [29].

Les systèmes de type Votomatic et les cartes perforées ont acquis une notoriété considérable en 2000, lorsque leur utilisation irrégulière en Floride a été accusée d'avoir influencé le résultat de l'élection présidentielle américaine. La loi Help America Vote Act de 2002 "a effectivement interdit les bulletins de vote pré-scorés à carte perforée" [30]. Les Votomatics ont été "utilisés pour la dernière fois dans deux comtés de l'Idaho lors des élections générales de 2014".

2.3.7. Machines à voter actuelles

Une machine à voter électronique est une machine à voter basée sur l'électronique.

2.3.7.1. Balayage optique

Dans un système de vote par balayage optique, ou mark-sense, les choix de chaque électeur sont marqués sur un ou plusieurs morceaux de papier, qui passent ensuite dans un scanner. Le scanner crée une image électronique de chaque bulletin, l'interprète, établit un décompte pour chaque candidat et stocke généralement l'image en vue d'un examen ultérieur.

L'électeur peut marquer le papier directement, généralement à un endroit spécifique pour chaque candidat. Il peut également sélectionner ses choix sur un écran électronique, qui imprime ensuite les noms choisis, ainsi qu'un code-barres ou un code QR résumant tous les choix, sur une feuille de papier à placer dans le scanner [31].

Des centaines d'erreurs ont été constatées dans les systèmes de lecture optique, qu'il s'agisse de l'alimentation des bulletins à l'envers, de l'extraction simultanée de plusieurs bulletins dans les comptages centraux, de bourrages de papier, de capteurs cassés, bloqués ou surchauffés qui interprètent mal certains ou de nombreux bulletins, d'impressions non conformes à la programmation, d'erreurs de programmation ou de pertes de fichiers [32]. La cause de chaque erreur de programmation est rarement trouvée, de sorte que l'on ne sait pas combien d'entre elles sont accidentelles ou intentionnelles.

2.3.7.2. Enregistrement électronique direct (DRE)

Pour plus d'informations : Comptage des voix § Comptage électronique à enregistrement direct, Vote électronique § Système de vote électronique à enregistrement direct (DRE), et Vote électronique aux États-Unis § Comptage électronique à enregistrement direct.

DRE avec papier à vérifier par l'électeur (VVPAT)

Dans un système de machine à voter DRE, un écran tactile affiche des choix à l'électeur, qui les sélectionne et peut changer d'avis aussi souvent que nécessaire avant de voter. Le personnel initialise chaque électeur une fois sur la machine, afin d'éviter les votes répétés. Les données de vote sont enregistrées dans des éléments de mémoire et peuvent être copiées à la fin de l'élection.

Certaines de ces machines impriment également les noms des candidats choisis sur papier pour que l'électeur puisse les vérifier, bien que moins de 40 % d'entre eux le fassent [33]. Ces noms sur papier sont conservés derrière une vitre dans la machine et peuvent être utilisés pour des audits électoraux et des recomptages si nécessaire. Le décompte des données de vote est imprimé à l'extrémité de la bande de papier. La bande de papier est appelée piste d'audit papier vérifiée par l'électeur (VVPAT). Les VVPAT peuvent être compilés à raison de 20 à 43 secondes de temps de travail par vote (et non par bulletin de vote) [34, 35].

Pour les machines sans VVPAT, il n'y a pas d'enregistrement des votes individuels à vérifier. Pour les machines avec VVPAT, le contrôle est plus coûteux qu'avec les bulletins de vote papier, car sur le papier thermique fragile d'un long rouleau continu, les employés perdent souvent leur place, et l'impression comporte chaque changement effectué par chaque électeur, et pas seulement leurs décisions finales [35].

Parmi les problèmes rencontrés, citons l'accès du public au logiciel par Internet, avant qu'il ne soit chargé dans les machines pour chaque élection, et les erreurs de programmation qui incrémentent des candidats différents de ceux choisis par les électeurs. La Cour constitutionnelle fédérale d'Allemagne a estimé que les machines existantes ne pouvaient pas être autorisées parce qu'elles ne pouvaient pas être contrôlées par le public [36]. Des piratages réussis ont été démontrés en laboratoire [37-40].

2.3.7.3. Lieu du pointage

Les scans optiques peuvent être effectués soit sur le lieu de vote, "precinct", soit dans un autre lieu. Les machines DRE sont toujours comptabilisées dans le bureau de vote.

2.3.7.4. Système de vote par comptage électoral

Un système de vote avec comptage par circonscription est un système de vote qui comptabilise les bulletins de vote dans le bureau de vote. Les machines de dépouillement analysent généralement les bulletins au fur et à mesure qu'ils sont déposés. Cette approche permet aux électeurs d'être informés des erreurs de vote, telles que les votes excédentaires, et d'éviter les votes nuls. Une fois que l'électeur a eu la possibilité de corriger ses erreurs, la machine de dépouillement du bureau de vote comptabilise le bulletin. Les totaux des votes ne sont rendus publics qu'après la clôture du scrutin. Les DRE et les scanners de bureau de vote stockent électroniquement les résultats des votes et peuvent les transmettre à un site central par le biais de réseaux de télécommunication publics.

2.3.7.5. Système de vote à dépouillement central

Un système de comptage central est un système de vote qui comptabilise les bulletins de plusieurs circonscriptions dans un lieu central. Les systèmes de comptage central sont également couramment utilisés pour traiter les bulletins de vote des électeurs absents.

Le dépouillement central peut être effectué à la main et, dans certaines juridictions, le dépouillement central est effectué à l'aide du même type de machine à voter que celle utilisée dans les bureaux de vote. Cependant, depuis l'introduction du système de vote à cartes perforées Votomatic et du système de dépouillement électronique Norden dans les années 1960, les tabulatrices de bulletins de vote à grande vitesse sont largement utilisées, en particulier dans les grandes juridictions métropolitaines. Aujourd'hui, les scanners de base à grande vitesse remplissent parfois cette fonction, mais il existe également des scanners de bulletins de vote spéciaux qui intègrent des mécanismes de tri pour séparer les bulletins de vote comptabilisés de ceux qui nécessitent une interprétation humaine [41].

Le DS450 d'Election Systems & Software est un scanner de bulletins de vote à vitesse moyenne pour le dépouillement central. Il peut scanner et trier environ 4000 bulletins de vote par heure.

Les bulletins de vote sont généralement placés dans des urnes sécurisées dans le bureau de vote. Les bulletins stockés et/ou les décomptes de circonscription sont transportés ou transmis à un centre de dépouillement. Le système produit un rapport imprimé du décompte des voix et peut produire un rapport stocké sur un support électronique adapté à la diffusion ou à la publication sur Internet.

2.4. Références

[1]. Boegehold, Alan L. (1963). "Toward a Study of Athenian Voting Procedure". Hesperia :
The Journal of the American School of Classical Studies at Athens . 32 (4) : 366-374.
doi:10.2307/147360. Archivé le 9 mars 2021. Consulté le 14 août 2020.

[2]. Jones, Douglas W. Archivé le 21 septembre 2011 sur Way-back Machine.
Une brève histoire illustrée du vote archivée le 21 septembre 2011,
at the Wayback Machine. The University of Iowa Archived October 29, 2011.

[3]. Douglas W. Jones, Early Requirements for Mechanical Voting Systems,
1 st Atelier international sur l'ingénierie des exigences pour les systèmes de vote électronique.
Archivé le 9 mars 2021 à Wayback Machine, 31 août 2009, Atlanta.

[4]. La Charte du peuple avec l'adresse aux réformateurs radicaux du Royaume-Uni. Brève esquisse de l'origine.

[5]. La Charte du peuple Archivé le 18 novembre 2018 à la Way-back Machine 1839
Édition, dans la collection radicalisme Archivé le 18 novembre 2018, sur le site way-back
Machine de l'Université d'Aberdeen.

[5]. H. W. Spratt, Improvement in Voting Apparatus, U.S. Patent 158,652, Jan 12. 1875.

[6]. A. C. Beranek, Voting Apparatus, brevet américain 248 130g, 11 octobre 1881.

[7]. The Graphic : un hebdomadaire illustré. Université de l'Illinois Urbana-Champaign.
Londres : Graphic. 1869.

[8]. "Mechanical Criticism". Harper's Weekly. Vol. 53. 1909.

[9]. Kindy, David (26 juin 2019).
"La machine à voter qui affichait des bulletins de vote différents en fonction de votre sexe".
Smithsonian Magazine. Archivé de l'original le 1er novembre 2020.
Consulté le 26 mai 2020.

[10]. Lenna Winslow, brevet américain 963,105, qui s'inspire de sa précédente machine à voter
   des dessins.
[11]. Hallett, George H. (juillet 1936). "La représentation proportionnelle".
   Revue nationale des municipalités. 25 (7) : 432-434. ISSN 0190-3799.
[12]. Jacob H. Myers, Voting Machine, U.S. Patent 415,549, 19 novembre 1889.
[13]. Les républicains emportent Lockport ; la nouvelle machine à voter est soumise à un test pratique.
   Archivé le 19 août 2016 à la Way-back Machine, dans le New York Times. Archivé le 12 mars 2020, à la Way-back Machine, Wed. 13 avril 1892 ; page 1.
[14]. S. E. Davis, Voting Machine, U.S. Patent 526,668, 25 septembre 1894.
[15]. A. J. Gillespie, Voting-Machine, U.S. Patent 628,905, 11 juillet 1899.
[16]. Manuel de statistiques : Stock Exchange Hand-book, 1903, Manuel de statistiques
   Company, New York, 1903 ; page 773.
[17]. Samuel R. Shoup et Ransom F. Shoup, Voting Machine, U.S. Patent 2,054,102,
   15 septembre 1936.
[18]. Joseph H., Voting Machines, chapitre VII de Election Administration in the United States.
   Archivé le 31 août 2009 à la Way-back Machine, Brookings, 1934 ; pages 249 et
   279-280.
[19]. "Lever voting machines get a reprieve in NY", Press & Sun-Bulletin (NY), 10 août,
   2007.
[20]. Ian Urbina. States Prepare for Tests of Changes to Voting System Archivé le 25 janvier 2021,
   at the Wayback Machine, New York Times, 5 février 2008
[21]. Kennedy Dougan, Ballot-Holder, brevet américain 440,545, 11 novembre 1890.
[22]. Fred M. Carroll (IBM), Voting Machine, U.S. Patent 2,195,848, 2 avril 1940.
[23]. Joseph P. Harris, Data Registering Device, brevet américain 3,201,038, 17 août 1965.
[24]. Joseph P. Harris, Data Registering Device, brevet américain 3,240,409, 15 mars 1966.
[25]. Harris, Joseph P. (1980)
   Professeur et praticien : Gouvernement, réforme électorale et Votomatic.
   Archivé le 24 mai 2013 à la Way-back Machine, Bancroft Library
[26]. "IBM Archive : Votomatic ". Archivé le 20 juillet 2016. Consulté le 18 mai 2009.
[27]. "Votomatic". Verified Voting Foundation. Archivé de l'original le 30 mai 2015.
   Consulté le 30 mai 2015.
[28]. "Punchcards, a definition Archived 2006-09-27 at the Way-back Machine".

[29]. Commission électorale fédérale "Systèmes et logiciels électoraux". Verified Voting. Fondation Verified Voting.
   Archivé de l'original le 30 janvier 2022. Consulté le 30 janvier 2022.
[30]. "Dispositifs de marquage des bulletins de vote". Verified Voting (en anglais). Archivé le 5 août 2020.
   Consulté le 28 février 2020.
[31]. Norden, Lawrence (16 septembre 2010). "Les défaillances des systèmes de vote : une solution de base de données".
   Brennan Center, NYU. Archivé le 26 novembre 2020. Consulté le 7 juillet 2020.
[32]. Cohn, Jennifer (5 mai 2018). "Quelle est la dernière menace pour la démocratie ?". Médium.
   Archivé de l'original le 20 novembre 2020. Consulté le 28 février 2020.
[33]. Theisen, Ellen (2005). "Cost Estimate for Hand Counting 2% of the Precincts in U.S.".
   VotersUnite.org. Archivé (PDF) de l'original le 16 janvier 2021.
   Consulté le 14 février 2020.
[34]. "Rapport sur le projet pilote de piste d'audit de papier vérifié par l'électeur" (PDF).
   Secrétaire d'État de Géorgie. 10 avril 2007. Archivé le 26 novembre 2008.
   Consulté le 15 février 2020.
[35]. Cour constitutionnelle fédérale allemande, communiqué de presse no. 19/2009 du 3 mars 2009
   Archivé le 4 avril 2009 à la Way-back Machine
[36]. "Security Analysis of the Diebold AccuVote-TS Voting Machine ". Archivé le janvier
   19, 2008. Consulté le 30 juillet 2020.
[37]. "Nedap/Groenendaal ES3B voting computer, a security analysis ". Archivé le 7 janvier,
   2010. Consulté le 30 juillet 2020.
[38]. Dutch citizens group cracks Nedap's voting computer Archived January 17, 2007, at
   la machine à remonter le temps
[39]. L'utilisation des ordinateurs de vote SDU est interdite lors des élections générales aux Pays-Bas (Heise.de, 31.
   octobre 2006).
   Archivé le 23 septembre 2008 à la Way-back Machine
[40]. Douglas W. Jones et Barbara Simons, Broken Ballots, CSLI Publications, 2012 ; voir
   Section 4.1 Machines à comptage central, pages 64-65, et Figure 21, page 73.

Chapitre (3) : Le vote par ordre de priorité

3.1. Préface

Le vote par classement, également connu sous le nom de vote par choix classé ou de vote préférentiel, désigne tout système de vote dans lequel les électeurs utilisent un bulletin de vote classé (ou préférentiel) pour sélectionner plus d'un candidat (ou autre alternative soumise au vote) et pour classer ces choix dans une séquence sur l'échelle ordinale de 1st, 2nd, 3rd, etc. Le vote par ordre de priorité est différent du vote par ordre cardinal, où les candidats sont notés de manière indépendante plutôt que classés [1]. Les différences les plus importantes entre les systèmes de vote par classement résident dans les méthodes utilisées pour décider quel(s) candidat(s) est (sont) élu(s) à partir d'un ensemble donné de bulletins de vote. Certaines des méthodes les plus importantes sont décrites ci-dessous.

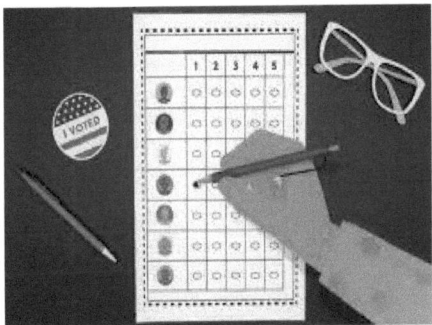

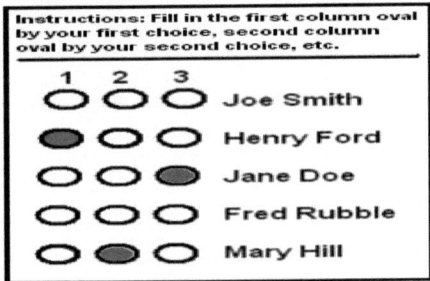

Différents types de bulletins de vote par ordre d'importance.

Une autre différence (plus cosmétique) réside dans le format des bulletins de vote. Certaines juridictions exigent que les électeurs classent tous les candidats ; d'autres limitent le nombre de candidats pouvant être classés ; d'autres encore autorisent les électeurs à classer autant de candidats qu'ils le souhaitent, les autres étant regroupés à la fin. D'autres règles (parfois liées à la méthode de détermination du vainqueur) sont imposées dans différents cas.

Le sujet de cet article ne doit pas être confondu avec le vote par élimination instantanée, une forme spécifique de vote par ordre de priorité à laquelle l'organisation américaine FairVote a donné le nom de " vote par ordre de priorité ". Le vote par ordre de priorité est utilisé pour les élections nationales ou régionales en Australie, en Irlande, au Royaume-Uni (assemblée d'Écosse et du Pays de Galles) [2], dans deux États américains, à Malte, en Slovénie [3] et à Nauru. Il est également utilisé pour les élections municipales en Nouvelle-Zélande [4], au Canada et aux États-Unis (Cambridge, Mass. et New York City).

3.2. Historique du vote par classement

La première discussion connue sur le vote par ordre de priorité se trouve dans les écrits du Majorquin Ramon Llull à la fin du 13th siècle. Son propos n'est pas toujours clair, mais on considère qu'il a préconisé ce que l'on appelle aujourd'hui la méthode de Copeland (mise en œuvre par le biais d'une séquence d'élections à deux voies plutôt que par des bulletins de vote par ordre de préférence).

th S es écrits ont attiré l'attention de Nicolas de Cusa au début du 15e siècle. Nicholas ne semble pas avoir été très influencé par ces écrits et a proposé indépendamment ce que l'on appelle aujourd'hui le décompte de Borda, préconisant une mise en œuvre par le biais de bulletins de vote classés. Les écrits de Llull et de Nicolas ont ensuite été perdus, avant de refaire surface au XXe siècle.

L'étude moderne du sujet a commencé lorsque Jean-Charles de Borda a publié en 1781 un article préconisant la méthode aujourd'hui associée à son nom. Cette méthode fut critiquée par le marquis de Condorcet, qui développa un critère de reconnaissance d'une préférence collective et observa que la méthode de Borda ne le satisfaisait pas toujours (à travers un exemple qui reste controversé [5]).

L'intérêt pour ce sujet s'est ravivé au XIXe siècle lorsque le Danois Carl Andræ a inventé le système STV, qui a été immédiatement adopté dans son pays d'origine et réinventé par Thomas Hare au Royaume-Uni en 1857. William Robert Ware a proposé la variante à un seul gagnant du système STV, le VIR, vers 1870, ignorant peut-être que Condorcet l'avait déjà mentionné, mais uniquement pour le condamner [6, 7]. Dans les années suivantes, le mathématicien anglais Charles

Lutwidge Dodgson (plus connu sous le nom de Lewis Carroll) et l'Anglo-Australien Edward Nanson ont publié de nouvelles méthodes de vote.

La modélisation théorique des processus électoraux a débuté avec un article de 1948 de Duncan Black [8], rapidement suivi par les travaux de Kenneth Arrow sur la cohérence des critères de vote. Depuis lors, le sujet a fait l'objet d'une attention académique sous la rubrique de la théorie du choix social, généralement subsumée à l'économie.

3.3. Propriétés théoriques du vote par classement
3.3.1. Le critère de Condorcet

Plusieurs des concepts développés par le marquis de Condorcet au dix-huitième siècle jouent toujours un rôle central dans ce domaine. S'il existe un candidat qui est préféré à tous les autres candidats par la majorité des électeurs lors d'une élection, ce candidat est appelé le vainqueur de Condorcet. Une méthode de vote qui élit toujours le vainqueur de Condorcet, s'il y en a un, est dite cohérente avec Condorcet ou (de manière équivalente) satisfait au critère de Condorcet. Les méthodes ayant cette propriété sont appelées méthodes de Condorcet.

S'il n'y a pas de vainqueur de Condorcet dans une élection, alors il doit y avoir un cycle de Condorcet, ce qui peut être illustré par un exemple. Supposons qu'il y ait 3 candidats, A, B et C, et 30 électeurs, de sorte que 10 votent C-B-A, 10 votent B-A-C et 10 votent A-C-B. Dans ce cas, il n'y a pas de gagnant Condorcet. En particulier, nous voyons que A ne peut pas être un gagnant de Condorcet parce que 2/3 des électeurs préfèrent B à A ; mais B ne peut pas être un gagnant de Condorcet parce que 2/3 préfèrent C à B ; et C ne peut pas être un gagnant de Condorcet parce que 2/3 préfèrent A à C. Mais A ne peut pas être un gagnant de Condorcet... donc la recherche d'un gagnant de Condorcet nous fait tourner en rond sans jamais en trouver un.

3.3.2. Modèles spatiaux

Un modèle spatial est un modèle du processus électoral développé par Duncan Black et étendu par Anthony Downs. Chaque électeur et chaque candidat est supposé occuper un emplacement dans un espace d'opinions qui peut avoir une ou plusieurs dimensions, et les électeurs sont supposés préférer le plus proche de deux candidats au plus éloigné. Un spectre politique est un modèle spatial simple à une dimension.

Bulletin de vote	Compter
A-B-C	36

B-A-C	15
B-C-A	15
C-B-A	34

Le diagramme montre un modèle spatial simple dans une dimension qui sera utilisé pour illustrer les méthodes de vote plus loin dans cet article. On suppose que les partisans de A votent A-B-C et que ceux de C votent C-B-A, tandis que les partisans de B se répartissent équitablement entre A et C comme deuxième préférence. S'il y a 100 électeurs, les bulletins de vote seront déterminés par les positions des électeurs et des candidats dans le spectre, conformément au tableau présenté.

Les modèles spatiaux sont importants parce qu'ils constituent un moyen naturel de visualiser les opinions des électeurs et parce qu'ils conduisent à un théorème important, le théorème de l'électeur médian, également dû à Black. Il affirme que pour une large classe de modèles spatiaux - y compris tous les modèles unidimensionnels et tous les modèles symétriques en dimensions supérieures - l'existence d'un vainqueur de Condorcet est garantie et qu'il s'agit du candidat le plus proche de la médiane de la distribution des électeurs.

Si nous appliquons ces idées au diagramme, nous constatons qu'il y a bien un vainqueur de Condorcet - B - qui est préféré à A par 64% et à C par 66%, et que le vainqueur de Condorcet est bien le candidat le plus proche de la médiane de la distribution des électeurs.

3.3.3. Autres théorèmes

Le théorème d'impossibilité d'Arrow jette une lumière plus pessimiste sur le vote par classement. Alors que le théorème de l'électeur médian nous dit que pour de nombreux ensembles de préférences des électeurs, il est facile de concevoir une méthode de vote qui fonctionne parfaitement, le théorème d'Arrow dit qu'il est impossible de concevoir une méthode qui fonctionne parfaitement dans tous les cas.

La question de savoir si le pessimisme d'Arrow ou l'optimisme de Black est plus proche de la réalité du comportement électoral doit être résolue de manière empirique. Un certain nombre d'études, dont un article de Tideman et Plassman [9], suggèrent que des modèles spatiaux simples du type de ceux qui satisfont au théorème de l'électeur médian correspondent de près au comportement observé des électeurs.

Un autre résultat pessimiste, le théorème de Gibbard (dû à Allan Gibbard), affirme que tout système de vote doit être vulnérable au vote tactique, un sujet qui n'est pas abordé ici.

3.3.3.1. Compte de Borda

Candidat	Score
A	87
B	130
C	83

Le décompte de Borda attribue un score à chaque candidat en additionnant le nombre de points attribués par chaque scrutin. S'il y a m candidats, le candidat classé premier dans un scrutin reçoit m1 points, le deuxième reçoit m2, et ainsi de suite jusqu'à ce que le candidat classé dernier n'en reçoive aucun. Dans l'exemple, B est élu avec 130 points sur un total de 300.

Le décompte de Borda est simple à mettre en œuvre mais ne satisfait pas au critère de Condorcet. Il présente une faiblesse particulière : son résultat peut être fortement influencé par la désignation de candidats qui n'ont eux-mêmes aucune chance d'être élus.

3.4. Autres systèmes de positionnement

Les systèmes de vote qui attribuent des points de cette manière, mais éventuellement à l'aide d'une formule différente, sont connus sous le nom de systèmes positionnels. Le vecteur de score (m1, m2,... ,0) correspond au décompte de Borda, (1, 1/2, 1/3,... ,1/m) définit le système de Dowdall et (1, 0,... ,0) équivaut au scrutin uninominal à un tour.

3.4.1. Vote alternatif
3.4.1.1. Vote par élimination directe

Comptage des bulletins de vote	1er tour	2ème tour	3ème tour
36	A-B-C	A-C	A
15	B-A-C	A-C	A
15	B-C-A	C-A	A

34	C-B-A	C-A	A

Le vote par élimination instantanée (IRV) élimine les candidats en plusieurs tours, reproduisant l'effet des bulletins de vote séparés sur des ensembles de candidats de plus en plus restreints. Le premier tour est constitué des bulletins de vote effectivement déposés. Étant donné que personne n'obtient la majorité des voix lors du premier décompte, le candidat ayant le moins de préférences en première place est identifié (dans le cas présent, B) et supprimé des bulletins de vote pour les tours suivants. Ses votes sont transférés selon la préférence marquée suivante, le cas échéant. Ainsi, au deuxième tour, les bulletins de vote expriment des préférences entre seulement 2 candidats (plus généralement m - 1). Nous nous arrêtons à ce stade car A est identifié comme le vainqueur du fait qu'il a la préférence de la majorité des électeurs.

Les systèmes d'élimination sont relativement difficiles à mettre en œuvre, car chaque bulletin doit être réexaminé à chaque tour, au lieu de permettre un calcul à partir d'un simple tableau de statistiques dérivées. Le VIR ne satisfait pas au critère de Condorcet. Contrairement à la plupart des systèmes de vote par classement, le VIR n'autorise pas l'égalité des préférences, sauf parfois entre les candidats les moins préférés d'un électeur.

2.4.2. Vote unique transférable

Le vote unique transférable (VUT) est une version proportionnelle et à plusieurs gagnants du VIR. Dans le cadre du VUT, le vote d'un électeur est initialement attribué à son candidat préféré. Une fois que les candidats ont été soit élus (gagnants) en atteignant le quota, soit éliminés (perdants), l'excédent de voix de l'électeur est affecté au candidat le plus favori.
les votes sont transférés des vainqueurs aux candidats restants (espoirs) en fonction des préférences ordonnées des électeurs. Il existe plusieurs méthodes pour déterminer le transfert des voix.

3.5. Mini-maxi

2ème 1er	A	B	C
A	-	36:64	51:49
B	64:36	-	66:34
C	49:51	34:66	-

Le système mini-maxi détermine un résultat en construisant un tableau de résultats dans lequel il y a une entrée pour chaque paire de candidats distincts indiquant combien de fois le premier est préféré au second. Ainsi, étant donné que 51 électeurs préfèrent A à C et que 49 ont la préférence inverse, l'entrée (A,C) se lit comme suit : "51:49". Dans chaque ligne, nous identifions le résultat le moins favorable (c'est-à-dire minimal) pour le premier candidat (en gras), et le candidat gagnant est celui dont le résultat le moins favorable est le plus favorable (c'est-à-dire maximal). Dans l'exemple, le gagnant est B, dont le résultat le moins favorable est une victoire, tandis que les résultats les moins favorables des autres candidats sont des pertes légèrement différentes.

La détermination du gagnant minimax à partir d'un ensemble de bulletins de vote est une opération particulièrement simple. La méthode satisfait le critère de Condorcet et peut être considérée comme l'élection du vainqueur de Condorcet s'il y en a un, et comme l'élection du candidat qui se rapproche le plus d'un vainqueur de Condorcet (selon une métrique simple) dans le cas contraire.

3.6. Méthode de Llull / Méthode de Copeland

Candidat	Score
A	1
B	2
C	0

La méthode de Copeland attribue à chaque candidat un score dérivé du tableau des résultats, comme indiqué ci-dessus pour le mini-maxi. Le score est simplement le nombre de résultats favorables dans la ligne du candidat, c'est-à-dire le nombre d'autres candidats qu'une majorité d'électeurs a préférés à un candidat donné. Le candidat ayant le score le plus élevé (dans ce cas, B) gagne.

La méthode de Copeland est simple et conforme à Condorcet, mais elle présente l'inconvénient, pour certains schémas de préférences des électeurs sans vainqueur de Condorcet, d'aboutir à une égalité, quelle que soit la taille de l'électorat. C'est pourquoi ses partisans recommandent généralement de l'utiliser en conjonction avec un système de départage. Les règles qui conviennent à cet effet sont le mini-maxi, l'IRV et le décompte de Borda, ce dernier donnant la méthode Dasgupta-Maskin.

3.7. Autres méthodes

- Un scrutin de Condorcet élit le vainqueur de Condorcet s'il y en a un et, dans le cas contraire, s'en remet à une procédure distincte pour déterminer

le résultat. Si le décompte de Borda est la solution de repli, nous obtenons la méthode de Black ; si nous utilisons l'IRV, nous obtenons le "Condorcet-Hare" de Tideman [10].
- La méthode de Coombs est une simple modification du VIR dans laquelle le candidat éliminé à chaque tour est celui qui a le plus de préférences en dernière position plutôt que celui qui a le moins de préférences en première position (ainsi C plutôt que B est éliminé au premier tour de l'exemple et B est le vainqueur). La méthode de Coombs n'est pas conforme à Condorcet mais satisfait néanmoins le théorème de l'électeur médian [11]. Elle présente l'inconvénient de s'appuyer particulièrement sur les préférences de dernière place des électeurs, qui peuvent être choisies avec moins de soin que leurs premières places.
- Les méthodes de Baldwin et de Nanson utilisent des règles d'élimination plus compliquées basées sur le compte de Borda. Elles sont compatibles avec Condorcet.
- La méthode Kemeny-Young est complexe mais conforme à Condorcet.
- La méthode de Smith réduit l'ensemble des candidats à l'ensemble de Smith, qui est un singleton comprenant le vainqueur de Condorcet s'il y en a un, et qui est par ailleurs généralement plus petit que l'ensemble d'origine. Elle est généralement préconisée en conjonction avec un système de départage, les plus courants étant le VIR et le mini-maxi [12]. Elle est simple sur le plan informatique, mais n'est pas intuitive pour la plupart des électeurs.
- Le vote contingent est une version à deux tours du VIR, et le vote complémentaire est une forme restreinte du vote contingent.
- La méthode de Bucklin existe sous plusieurs formes, dont certaines sont compatibles avec Condorcet.
- La méthode des paires classées, la méthode de Schulze et la méthode du cycle divisé [13] sont des méthodes conformes à Condorcet d'une complexité informatique moyenne basées sur l'analyse de la structure du cycle des bulletins de vote.
- La méthode de Dodgson est célèbre principalement pour avoir été conçue par Lewis Carroll. Elle est compatible avec Condorcet mais complexe sur le plan informatique.

3.8. Comparaison des méthodes de vote par classement

La forme la plus simple de comparaison est l'argumentation par l'exemple. L'exemple du présent article illustre ce que de nombreuses personnes considéreraient comme une faiblesse du VIR ; d'autres exemples montrent les faiblesses supposées d'autres méthodes.

Les critères de vote logiques peuvent être considérés comme des extrapolations des caractéristiques saillantes des exemples dans des espaces infinis d'élections. Les conséquences sont souvent difficiles à prévoir : des critères initialement plausibles se contredisent et rejettent des méthodes de vote par ailleurs satisfaisantes.

Des comparaisons empiriques peuvent être effectuées en utilisant des élections simulées. Les populations d'électeurs et de candidats sont construites selon un modèle spatial (ou autre) et la précision de chaque méthode de vote - définie comme la fréquence avec laquelle elle élit le candidat le plus proche du centre de la distribution des électeurs - peut être estimée par des essais aléatoires. Les méthodes Condorcet (et la méthode de Coombs) donnent les meilleurs résultats, suivies par le décompte de Borda, le VIR se situant un peu plus loin et le SMUT étant le pire de tous.

Les propriétés mathématiques d'une méthode de vote doivent être mises en balance avec ses caractéristiques pragmatiques, telles que son intelligibilité pour l'électeur moyen.

3.9. Inconvénients du vote par ordre de priorité

Le vote par ordre de priorité permet d'obtenir davantage d'informations sur les préférences des électeurs que le scrutin uninominal à un tour, mais cela a un coût. Les électeurs doivent remplir des bulletins de vote plus compliqués [12] et la procédure de dépouillement - selon la nature de la méthode de vote - est plus compliquée et plus lente, nécessitant souvent une assistance mécanique.

3.10. Références

[1]. Riker, William Harrison (1982). Liberalism against populism : a confrontation between the
La théorie de la démocratie et la théorie du choix social. Waveland Pr. pp. 29-30.
ISBN 0881333670. OCLC 316034736. .
[2]. Wiki : Politique du Royaume-Uni
[3]. Toplak, Jurij (2006). "Les élections législatives en Slovénie, octobre 2004".
Electoral Studies. 25 (4) : 825–831. doi:10.1016/j.electstud.2005.12.006.
[4]. https://www.fairvote.org/new_zealand_cities_voting_to_implemen_ranked_choice_voting
[5]. George G. Szpiro, "Numbers Rule" (2010).
[6]. Nanson, E. J. (1882). "Méthodes d'élection : Ware's Method". Transactions et
Actes de la Société royale de Victoria. 19 : 206. La méthode était cependant,
Condorcet, mais seulement pour être condamné.
[7]. Condorcet, Jean-Antoine-Nicolas de Caritat (1788).

De la constitution et des fonctions des assemblées provinciales. Œuvres complètes de
Condorcet. 13 (publié en 1804). p. 243. En effet, lorsqu'il y a plus de troisconcurrents, le véritablevœu de la pluralitépeutêtre pour un candidat qui
n'aiteuaucune des voixdans le premier scrutin.

[8]. Duncan Black, "On the Rationale of Group Decision-making" (1948).
[9]. T. N. Tideman et F. Plassman, "Modeling the Outcomes of Vote-Casting in Actual
Elections" (2012).
[10]. J. Green-Armytage, T. N. Tideman et R. Cosman, "Statistical Evaluation of Voting
Règles" (2015).
[11]. B. Grofman et S. L. Feld, "If you like the alternative vote (a.k.a. the instant runoff), then
vous devez connaître la règle de Coombs" (2004).
[12]. R. B. Darlington, "Are Condorcet and Minimax Voting Systems the Best ?" (v8, 2021).
[13]. W. H. Holliday et E. Pacuit,
" Split Cycle : Un nouveau vote Condorcet indépendant des clones et immunisé contre les spoilers" .
(2021).

Chapitre (4) : Le vote des cardinaux

4.1. Préface

Le vote cardinal désigne tout système électoral qui permet à l'électeur d'attribuer à chaque candidat une évaluation indépendante, généralement une note ou un grade [1]. On parle également de systèmes de vote "noté" (bulletin de vote avec notation), "évaluatif", "gradué" ou "absolu" [2, 3]. Les méthodes cardinales (basées sur l'utilité cardinale) et les méthodes ordinales (basées sur l'utilité ordinale) sont deux catégories principales de systèmes de vote modernes, avec le vote à la pluralité[4-6].

4.2. Variantes

Il existe plusieurs systèmes de vote qui permettent une évaluation indépendante de chaque candidat. Par exemple :

- Le vote par approbation (AV) est la méthode la plus simple possible, qui n'autorise que deux notes (0, 1) : "approuvé" ou "non approuvé" [7].

- Le vote évaluatif (EV) ou le vote d'approbation combiné (CAV) utilise 3 notes (-1, 0, +1) : "contre", "abstention" ou "pour" [7-9].

- Le vote par score ou par fourchette, dans lequel les notes sont numériques et le candidat ayant la note moyenne (ou totale [10, 11]) la plus élevée l'emporte.

- Le vote par score utilise une échelle discrète de nombres entiers, généralement de 0 à 5 ou de 0 à 9 [12, 13].

- Le vote par fourchette utilise une échelle continue de 0 à 1 [12-15].

- Les règles de la médiane la plus élevée, qui élisent le candidat ayant la note médiane la plus élevée. Les différentes règles de la médiane la plus élevée se distinguent par leurs méthodes de départage. Le jugement majoritaire, dans lequel les notes sont associées à des expressions (telles que "Excellent" ou "Médiocre"), est l'exemple le plus courant car il s'agit de la première règle de ce type à avoir été étudiée, mais d'autres règles ont été proposées depuis lors, par exemple le jugement typique ou le jugement habituel.

- le vote STAR, dans lequel les notes vont de 0 à 5, et où le candidat le plus préféré parmi les deux candidats les mieux notés l'emporte [16-18].

- Le vote d'approbation par la majorité, une variante notée du vote de Bucklin, qui utilise généralement des lettres (comme "A" à "F") [19].
- Le vote 3-2-1, dans lequel les électeurs attribuent à chaque candidat une note "bonne", "correcte" ou "mauvaise", et trois étapes d'élimination automatique permettent de les comptabiliser : la première étape sélectionne les trois candidats ayant obtenu le plus grand nombre de notes "bonnes", la deuxième les deux candidats ayant obtenu le moins de notes "mauvaises", et parmi ceux-ci, le candidat préféré par la majorité l'emporte [20, 21].

En outre, plusieurs systèmes cardinaux comportent des variantes pour les élections à plusieurs vainqueurs, généralement destinées à produire une représentation proportionnelle :

- Vote d'approbation proportionnelle.
- Vote d'approbation proportionnel séquentiel.
- Vote d'approbation de la satisfaction.
- Le vote par fourchette repondérée [22].

4.3. Relation avec les classements

Les bulletins d'évaluation peuvent être convertis en bulletins classés/préférentiels. Par exemple, les bulletins de notes peuvent être convertis en bulletins classés/préférentiels :

	Note (0 à 99)	Ordre de préférence
Candidat A	99	Première
Candidat B	20	Troisièmement
Candidat C	20	Troisièmement
Candidat D	55	Deuxième

Cela implique que le système de vote tienne compte de l'indifférence de l'électeur entre deux candidats (comme dans la méthode des paires classées ou la méthode Schulze).

L'inverse n'est pas vrai : Les classements ne peuvent pas être convertis en évaluations, car les évaluations contiennent plus d'informations sur la force de la préférence, qui sont détruites lors de la conversion en classements.

4.4. L'analyse

En évitant le classement (et son implication d'une réduction monotone de l'approbation du candidat le plus préféré au candidat le moins préféré), les méthodes de vote cardinal peuvent résoudre un problème très difficile :

Un résultat fondamental de la théorie du choix social (l'étude des méthodes de vote) est le théorème d'impossibilité d'Arrow, qui stipule qu'aucune méthode ne peut se conformer à l'ensemble d'un ensemble simple de critères souhaitables. Toutefois, comme l'un de ces critères (appelé "universalité") exige implicitement qu'une méthode soit ordinale et non cardinale, le théorème d'Arrow ne s'applique pas aux méthodes cardinales [23-26].

D'autres, cependant, affirment que les classements sont fondamentalement invalides, car il est impossible d'effectuer des comparaisons inter-personnelles significatives de l'utilité [27]. C'était la justification initiale d'Arrow pour ne considérer que les systèmes classés [28], mais plus tard dans sa vie, il a déclaré que les méthodes cardinales étaient "probablement les meilleures" [29]. Les méthodes cardinales imposent de manière inhérente une préoccupation tactique que tout électeur a concernant son deuxième candidat préféré, dans le cas où il y a trois candidats ou plus. Si le score est trop élevé (ou s'il approuve), l'électeur compromet les chances de victoire de son candidat favori. Si le score est trop bas (ou s'il n'approuve pas), l'électeur aide le candidat qu'il désire le moins à battre son deuxième favori et peut-être à gagner.

La recherche en psychologie a montré que les évaluations cardinales (sur une échelle numérique ou de Likert, par exemple) sont plus valables et transmettent plus d'informations que les classements ordinaux pour mesurer l'opinion humaine [30-33].

4.5. Références

[1]. Baujard, Antoinette ; Gavrel, Frédéric ; Igersheim, Herrade ; Laslier, Jean-François ; Lebon,
  Isabelle (septembre 2017). "Comment les électeurs utilisent les échelles de notation dans le cadre d'un vote évaluatif". Européen
  Journal of Political Economy. 55 : 14-28.
[2]. " Systèmes de vote cardinaux-Electo-wiki ". electowiki.org. Consulté le 31 janvier 2017.
[3]. "Système de vote - Electo-wiki". electowiki.org. Consulté le 31 janvier 2017.
[4]. Riker, William Harrison. (1982). Liberalism against populism : a confrontation between
  la théorie de la démocratie et la théorie du choix social. Waveland Pr. pp. 29-30.
  ISBN 0881333670. OCLC 316034736.
[5]. "Règles de vote ordinales et cardinales : A Mechanism Design Approach".

[6]. Vasiljev, Sergei (avril 2008). "Le vote cardinal : Le moyen d'échapper au choix social
   Impossibilité par Sergei Vasiljev : : SSRN". SSRN 1116545.
[7]. Hillinger, Claude (1er mai 2005). "Le cas du vote utilitaire". Open Access LMU.
   Munich. Consulté le 15 mai 2018.
[8]. Hillinger, Claude (1er octobre 2004). "Sur la possibilité de la démocratie et de la rationalité
   Choix collectif". Rochester, NY. SSRN 608821. Je suis en faveur d'un "vote évaluatif" dans le cadre duquel
   un électeur peut voter pour ou contre n'importe quelle alternative, ou s'abstenir.
[9]. Felsenthal, Dan S. (janvier 1989). "On combining approval with disapproval voting".
   Behavioral Science. 34 (1) : 53–60. doi:10.1002/bs.3830340105. ISSN 0005-7940.
[10]. "Le vote par fourchette. Social Choice and Beyond. Consulté le 10 décembre 2016.
[11]. "Score Voting". Le Centre pour la science électorale. 21 mai 2015. Consulté le 10 décembre 2016.
[12]. "Devriez-vous utiliser un système de vote plus expressif ?". Application Vote-Up. Récupéré le 15
   Mai 2018. Le vote par score - c'est comme le vote par fourchette, mais les scores sont discrets.
   de couvrir une plage continue.
[13]. "Recherche sur les échelles d'évaluation". RangeVoting.org. Consulté le 15 mai 2018. La présente page
   semble conclure que 0-9 est la meilleure échelle.
[14]. "Les bons critères soutiennent le vote par fourchette". RangeVoting.org. Consulté le 15 mai 2018.
[15]. Smith, Warren D. (décembre 2000). "Range Voting". Le système de "vote par fourchette".
[16]. "STAR Voting". Coalition pour l'égalité des votes. Consulté le 14 juillet 2018.
[17]. "STAR voting an intriguing innovation". The Register Guard. Consulté le 14 juillet 2018.
[18]. "Are We Witnessing the Cutting Edge of Voting Reform ?" (Sommes-nous à la pointe de la réforme du vote ?). IVN.us. 1er février 2018.
   Consulté le 14 juillet 2018.
[19]. "Majority Approval Voting". Electo-wiki. Consulté le 26 août 2018.
[20]. "Le vote 3-2-1". Electo-wiki.
[21]. Quinn, Jameson (2017). "Make. Tous. Votes. Count. (Part II : single-winner)". Jameson
   Quinn. Consulté le 14 juillet 2018.

[22]. "Reweighted Range Voting - a PR voting method that feels like range voting" (Le vote par fourchette repondérée - une méthode de vote à la proportionnelle qui ressemble au vote par fourchette).
RangeVoting.org. Consulté le 24 mars 2018.
[23]. Vasiljev, Sergei (1er avril 2008). "Le vote cardinal : Le moyen d'échapper au choix social
Impossibilité". Rochester, NY : Social Science Research Network. SSRN 1116545.
[24]. "Entretien avec le Dr. Kenneth Arrow". Le Centre pour la science électorale. 6 octobre 2012.
[25]. "RangeVoting.org - Théorème d'Arrow". rangevoting.org. Consulté le 10 décembre 2016.
selon la définition d'Arrow, le vote par fourchette n'est pas du tout un système de vote
[26]. "Comment je me suis intéressé aux systèmes de vote". Centre pour la science électorale. 21
Décembre 2011. Consulté le 10 décembre 2016. Mais Arrow n'avait prévu ses critères que pour
s'appliquent aux systèmes de classement.
[27]. "Pourquoi pas un classement ? Centre pour la science électorale. 31 mai 2016. Consulté le 22
Janvier 2017.
[28]. Arrow (1967), cité à la page 33 par Racnchetti, Fabio (2002), "Choice without utility ?
Some reflections on the loose foundations of standard consumer theory", in Bianchi,
Marina (ed.), The Active Consumer : Novelty and Surprise in Consumer Choice,
Routledge Frontiers of Political Economy, 20, Routledge, pp. 21-45.
[29]. "Entretien avec le Dr. Kenneth Arrow". Le Centre pour la science électorale. 6 octobre 2012.
[30]. Conklin, E. S., et al. (1923). "A Comparison of the Scale Order-of-Merit Method".
Journal of Experimental Psychology. 6 (1) : 44-57. doi:10.1037/h0074763. ISSN 0022-1015.
[31]. Moore, Michael (1er juillet 1975). "Rating versus ranking in the Rokeach Value Survey : An
Israeli comparison". Journal européen de psychologie sociale. 5 (3) : 405-408.
doi:10.1002/ejsp.2420050313. ISSN 1099-0992.
[32]. Maio, Gregory R. ; Roese, Neal J. ; Seligman, Clive ; Katz, Albert (1er juin 1996).
"Les classements, les évaluations et la mesure des valeurs : Preuve de la validité supérieure
of Ratings". Psychologie sociale fondamentale et appliquée. 18 (2) : 171-181.

doi:10.1207/s15324834basp1802_4. ISSN 0197-3533.

[33]. Johnson, Marilyn F. ; Sallis, James F. ; Hovell, Melbourne F. (1er septembre 1999).

"Comparaison des valeurs évaluées et classées en matière de santé et de mode de vie". American Journal of

Health Behavior. 23 (5) : 356–367. doi:10.5993/AJHB.23.5.5.

Chapitre (5) : Vote à plusieurs gagnants et vote utilitaire implicite

5.1. Plusieurs lauréats
5.1.1. Préface

Le vote à plusieurs gagnants [1], également appelé élections à plusieurs gagnants [2], vote par comité [3] ou élections par comité [4], est un système électoral dans lequel plusieurs candidats sont élus. Le nombre de candidats élus est généralement fixé à l'avance. Il peut s'agir, par exemple, du nombre de sièges au parlement d'un pays ou du nombre requis de membres d'une commission. Il existe de nombreux scénarios dans lesquels le vote à plusieurs gagnants est utile. On peut les classer en trois catégories, en fonction de l'objectif principal de l'élection de la commission [5] :

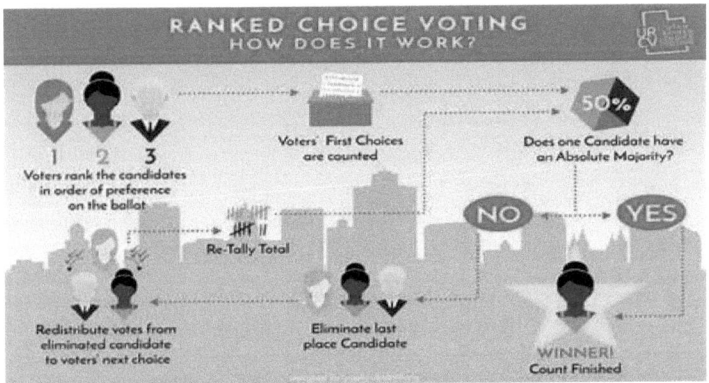

- L'excellence. Ici, chaque électeur est un expert et chaque vote exprime son opinion sur le(s) candidat(s) le(s) mieux placé(s) pour une certaine tâche. L'objectif est de trouver les "meilleurs" candidats. L'établissement d'une liste restreinte est un exemple d'application : il s'agit de sélectionner, à partir d'une liste d'employés candidats, un petit groupe de finalistes qui passeront à l'étape finale de l'évaluation (par exemple, au moyen d'un entretien). Chaque candidat est évalué indépendamment des autres. Si deux candidats sont similaires, il est probable qu'ils seront tous deux élus (s'ils sont tous deux bons) ou qu'ils seront tous deux rejetés.

- Diversité : dans ce cas, les candidats élus doivent être aussi différents que possible. Par exemple, supposons que les candidats représentent des emplacements possibles pour la construction d'une installation, telle qu'une caserne de pompiers. La plupart des citoyens préfèrent naturellement une caserne de pompiers au centre de la ville. Cependant, il n'est pas nécessaire d'avoir deux casernes de pompiers au même endroit ; il est préférable de diversifier la sélection et de placer la deuxième caserne dans un endroit plus éloigné. Contrairement à la situation d'"excellence", si deux candidats sont similaires, il est probable qu'un seul d'entre eux sera élu. Un autre scénario dans lequel la diversité est importante est celui où un moteur de recherche sélectionne les résultats à afficher, ou lorsqu'une compagnie aérienne sélectionne les films à projeter pendant un vol.

- Proportionnalité. Les candidats élus doivent représenter le mieux possible la population des électeurs. Il s'agit de l'objectif le plus courant dans les élections parlementaires.

5.1.2. Concepts de base

Un défi majeur dans l'étude du vote à plusieurs gagnants est de trouver des adaptations raisonnables de concepts issus du vote à un seul gagnant. Ces concepts peuvent être classés en fonction du type de vote - vote d'approbation ou vote par ordre de priorité.

5.1.3. Vote d'approbation pour les comités

Le vote par approbation est une méthode courante pour les élections à un seul vainqueur. Chaque électeur marque les candidats qu'il approuve, et le candidat qui obtient le plus grand nombre d'approbations l'emporte. Dans le cas d'un vote à plusieurs gagnants, il existe de nombreuses façons de décider quel candidat doit être élu. Dès 1895, Thiele a proposé une famille de règles basées sur le poids [3, 6]. Chaque règle de la famille est définie par une séquence de k poids faiblement positifs, $w_1,..., w_k$ (où k est la taille du comité). Chaque électeur attribue à chaque comité contenant p candidats approuvés par l'électeur un score égal à $w_1+...+w_p$. La commission qui obtient le score total le plus élevé est élue. Voici quelques règles de vote courantes dans la famille de Thiele :

- Vote multiple non transférable (SNTV) : le vecteur de poids est $(1,1,...,1)$. Il est également appelé vote d'approbation à la majorité relative.

- Approbation-Chamberlin-Courant (ACC) : le vecteur de poids est $(1,0,...,0)$. En d'autres termes, chaque électeur accorde 1 point à une commission si elle contient l'un des candidats qu'il a approuvés.

- Vote d'approbation proportionnel (PAV) : le vecteur de poids est la progression harmonique (1, 1/2, 1/3, ..., 1/k).

Il existe des règles basées sur d'autres principes, comme le vote d'approbation mini-maxi [7] et ses généralisations [8], ainsi que les règles de vote de Phragmen [9].

Le calcul du gagnant avec SNTV peut être effectué en temps polynomial, mais avec ACC, il est NP-hard [10], de même qu'avec PAV.

5.1.4. Règles de notation positionnelle pour les comités

Les règles de notation positionnelle sont courantes dans les scrutins uninominaux basés sur le classement. Chaque électeur classe les candidats du meilleur au pire, une fonction prédéfinie attribue une note à chaque candidat en fonction de son rang, et le candidat qui obtient la note totale la plus élevée est élu. Dans le cas du vote à plusieurs gagnants, nous devons attribuer des notes aux comités plutôt qu'aux candidats individuels. Il existe plusieurs façons de procéder, par exemple [1] ;

- Vote unique non transférable : chaque électeur donne 1 point à une commission, si elle contient son candidat préféré. En d'autres termes : chaque électeur vote pour un seul candidat, et les k candidats ayant obtenu le plus grand nombre de voix sont élus. Il s'agit d'une généralisation du vote uninominal à un tour. Il peut être calculé en temps polynomial.

- Vote multiple non transférable (également appelé vote en bloc) : chaque électeur donne 1 point à une commission pour chaque membre de la commission figurant parmi les k premiers. En d'autres termes : chaque électeur vote pour k candidats, et les k candidats ayant obtenu le plus grand nombre de voix sont élus.

- k-Borda : chaque électeur donne, à chaque membre de la commission, son score Borda. Les k candidats dont le score Borda total est le plus élevé sont élus.

- Borda-Chamberlin-Courant (BCC) : chaque électeur donne, à chaque commission, le nombre de Borda de son candidat préféré au sein de la commission [11]. Le calcul du vainqueur avec BCC est NP-hard [10].

5.1.5. Comités de Condorcet

Dans le cadre d'un vote à un seul vainqueur, un vainqueur de Condorcet est un candidat qui l'emporte dans tous les face-à-face avec chacun des autres candidats. Une méthode Condorcet est une méthode qui sélectionne un vainqueur de Condorcet chaque fois qu'il existe. Il existe plusieurs façons d'adapter le critère de Condorcet au vote à plusieurs gagnants :

- La première adaptation a été réalisée par Peter Fishburn [12, 13] : un comité est un comité Condorcet s'il est préféré, par une majorité de votants, à tout autre comité possible. Fishburn a supposé que les votants classent les comités en fonction du nombre de membres dans leur ensemble d'approbation (c'est-à-dire qu'ils ont des préférences dichotomiques). Les travaux ultérieurs ont supposé que les électeurs classent les comités selon d'autres critères, tels que leur nombre de Borda. Il est coNP-complet de vérifier si un comité satisfait à ce critère, et coNP-difficile de décider s'il existe un comité Condorcet [14].

Une autre adaptation a été réalisée par Gehrlein [15] et Ratliff [16] : un comité est un ensemble de Condorcet si chaque candidat qui le compose est préféré, par une majorité de votants, à chaque candidat qui n'en fait pas partie. Une règle de vote à plusieurs gagnants est parfois qualifiée de stable si elle sélectionne un ensemble de Condorcet chaque fois qu'il existe [17]. Voici quelques règles stables [18] :

- Méthode de Copeland à plusieurs gagnants : chaque commission est évaluée en fonction du "nombre de défaites externes" : le nombre de paires (c,d) où c est dans la commission, d n'y est pas et c est préféré à d par une majorité de votants.

- Méthode Condorcet mini-maxi à plusieurs gagnants : chaque commission est notée en fonction de la "taille de l'opposition externe" : le minimum, sur toutes les paires (c,d), du nombre d'électeurs qui préfèrent c.

- Variantes à plusieurs gagnants de certaines autres règles de Condorcet [19].

- Une troisième adaptation a été réalisée par Elkind, Lang et Saffidine [20] : un ensemble gagnant de Condorcet est un ensemble pour lequel, pour chaque membre d qui n'est pas dans l'ensemble, un membre c de l'ensemble est préféré à d par une majorité. Sur la base de cette définition, ils présentent une variante multi-gagnants de la méthode Mini-max Condorcet.

5.1.6. Autres critères

Le calcul des comités Pareto-efficaces est en général NP-hard [21].

5.1.6.1. Élections d'excellence

L'excellence signifie que le comité doit contenir les "meilleurs" candidats. Les règles de vote basées sur l'excellence sont souvent appelées règles de sélection [17]. Elles sont souvent utilisées comme première étape de la sélection d'un seul meilleur candidat, c'est-à-dire comme méthode de création d'une liste restreinte. Une propriété fondamentale à laquelle une telle règle doit satisfaire est la mono-tonicité du comité (également appelée mono-tonicité de la maison, une variante de la mono-tonicité des ressources) : si certains k candidats sont élus par une règle, puis que la taille du comité augmente à k+1 et que la règle est réappliquée, les k premiers candidats doivent toujours être élus. Voici quelques familles de règles monotones de comité :

- Règles séquentielles [17] : à l'aide de n'importe quelle règle de vote à un seul gagnant, choisissez un seul candidat et ajoutez-le au comité. Répétez le processus k fois.
- Règles Best-k [1] : à l'aide d'une règle de notation quelconque, attribuez une note à chaque candidat. Choisissez les k candidats ayant les scores les plus élevés.

La propriété de mono-tonicité du comité est incompatible avec la propriété de stabilité (une adaptation particulière du critère de Condorcet) : il existe un seul profil de vote qui admet un unique ensemble de Condorcet de taille 2, et un unique ensemble de Condorcet de taille 3, et ils sont disjoints (l'ensemble de taille 2 n'est pas contenu dans l'ensemble de taille 3) [17].

D'autre part, il existe une famille de règles de score positionnel - les règles de score positionnel séparables - qui sont monotones. Ces règles sont également calculables en temps polynomial (si leurs fonctions de notation sous-jacentes à un seul gagnant le sont) [1]. Par exemple, k-Borda est séparable alors que Multiple non-transferable vote ne l'est pas.

5.1.6.2. Élections sur la diversité

La diversité signifie que le comité doit contenir les candidats les mieux classés par le plus grand nombre possible d'électeurs. Formellement, les axiomes suivants sont raisonnables pour les applications centrées sur la diversité :

- Critère de l'étroitesse [1] : s'il existe une commission de taille k contenant le candidat le mieux classé par chaque électeur, elle doit être élue.

- Monotonicité du premier membre [22] : si une commission est élue et qu'un électeur modifie à la hausse le rang de son gagnant préféré, la même commission doit être élue.

5.1.6.3. Élections proportionnelles

La proportionnalité signifie que chaque groupe cohésif d'électeurs (c'est-à-dire un groupe d'électeurs ayant des préférences similaires) doit être représenté par un nombre de gagnants proportionnel à sa taille. Formellement, si la commission est de taille k, qu'il y a n électeurs et que certains $L*n/k$ électeurs classent les mêmes L candidats en tête (ou approuvent les mêmes L candidats), alors ces L candidats doivent être élus. Ce principe est facile à mettre en œuvre lorsque les électeurs votent pour des partis (dans les systèmes de listes de partis), mais il peut également être adapté au vote par approbation ou au vote par classement ; voir la représentation justifiée [23-25].

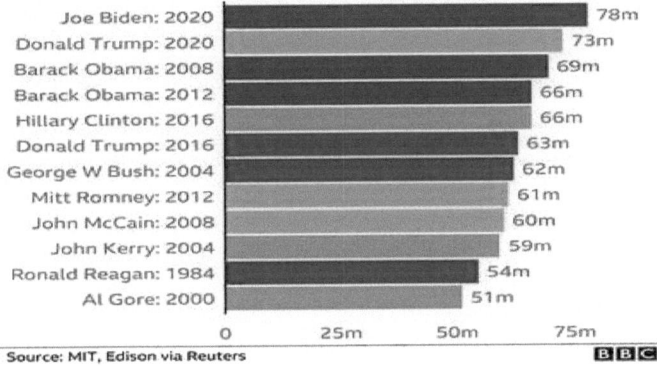

5.2. Vote utilitaire implicite

5.2.1. Préface

Le vote utilitaire implicite (VUE) est un système de vote dans lequel les agents expriment leurs préférences en classant les alternatives (comme dans le vote par rang), et le système tente de sélectionner une alternative qui maximise la somme des utilités, comme dans la règle du choix social utilitaire et utilitaire [26].

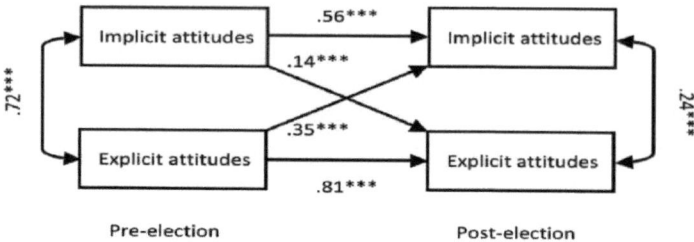

Pre-election   Post-election

Undecided voters

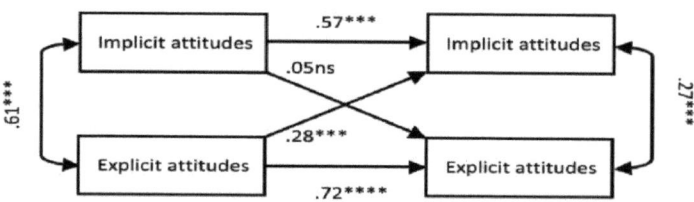

La principale difficulté de l'IUV réside dans le fait que les classements ne contiennent pas suffisamment d'informations pour calculer les utilités. Par exemple, si Alice classe l'option 1 au-dessus de l'option 2, nous ne savons pas si l'utilité de l'option 1 pour Alice est beaucoup plus élevée que celle de l'option 2, ou seulement légèrement plus élevée. De même, si Bob classe l'option 2 au-dessus de l'option 1, nous ne pouvons pas savoir laquelle des deux options maximise la somme des utilités.

Étant donné qu'une règle de vote qui ne peut accéder qu'aux classements ne peut pas trouver l'alternative à somme maximale dans tous les cas, l'IUV vise à trouver une règle de vote qui se rapproche de l'alternative à somme maximale. La qualité d'une approximation peut être mesurée de plusieurs manières :

- La distorsion d'une règle de vote est le rapport, dans le pire des cas (sur des fonctions d'utilité conformes au profil déclaré des classements), entre la somme d'utilité maximale et la somme d'utilité de l'alternative sélectionnée par la règle [27].

- Le regret d'une règle de vote est la différence, dans le pire des cas (sur des fonctions d'utilité cohérentes avec le profil déclaré des classements), entre la somme d'utilité maximale et la somme d'utilité de l'alternative sélectionnée par la règle [28].

Voici quelques réalisations dans le domaine de la théorie de l'UVI :

- Analyse de la distorsion des différentes règles de vote existantes [26].
- Concevoir des règles de vote qui minimisent la distorsion dans les élections à un seul vainqueur [28] et dans les élections à plusieurs vainqueurs.
- Analyse de la distorsion de divers formats d'entrée pour l'élicitation des préférences dans le cadre d'un processus participatif.
la budgétisation [29].

5.3. Références

[1]. Elkind, Edith ; Faliszewski, Piotr ; Skowron, Piotr ; Slinko, Arkadii (2017-03-01).
"Propriétés des règles de vote à plusieurs gagnants". Social Choice and Welfare. 48 (3) : 599-632.
doi:10.1007/s00355-017-1026-z. ISSN 1432-217X. PMC 7089675. PMID 32226187.

[2]. "RangeVoting.org - Glossaire". rangevoting.org. Consulté le 2021-06-25.

[3]. Aziz, Haris ; Brill, Markus ; Conitzer, Vincent ; Elkind, Edith ; Freeman, Rupert ; Walsh,
Toby (2017). "Représentation justifiée dans le vote par comité basé sur l'approbation". Choix social
et du bien-être. 48 (2) : 461-485.

[4]. "Règles de consensus pour les élections de comités". Sciences sociales mathématiques. 35 (3) : 219-
232. 1998-05-01. doi:10.1016/S0165-4896(97)00033-4. ISSN 0165-4896.

[5]. PiotrFaliszewski, PiotrSkowron, ArkadiiSlinko, Nimrod Talmon (2017-10-26). "Multi-
Le vote des vainqueurs : Un nouveau défi pour la théorie du choix social". Dans Endriss, Ulle (ed.).
Tendances en matière de choix social computationnel. Lulu.com. ISBN 978-1-326-91209-3.

[6]. Sánchez-Fernández, Luis ; Elkind, Edith ; Lackner, Martin ; Fernández, Norberto ; Fisteus,
Jesús ; Val, Pablo Basanta ; Skowron, Piotr (2017) "Proportional Justified Representation".
Actes de la conférence de l'AAAI sur l'intelligence artificielle. 31 (1). ISSN 2374-3468.

[7]. Brams, Steven J. ; Kilgour, D. Marc ; Sanver, M. Remzi (2007-09-01).
"A minimax procedure for electing committees". Public Choice. 132 (3) : 401-420.
doi:10.1007/s11127-007-9165-x. ISSN 1573-7101.

[8]. Amanatidis, Georgios ; Barrot, Nathanaël ; Lang, Jérôme ; Markakis, Evangelos ; Ries,

Bernard (2015-05-04).
"Référendums multiples et élections à plusieurs vainqueurs en utilisant Hamming et la manipulabilité".
Compte rendu de la conférence internationale 2015 sur les agents autonomes et les agents multiples.
Systèmes. AAMAS '15. Istanbul, Turquie : Fondation internationale pour les agents autonomes
et les systèmes multi-agents : 715-723. ISBN 978-1-4503-3413-6.

[9]. Brill, Markus ; Freeman, Rupert ; Janson, Svante ; Lackner, Martin (2017-02-10).
"Méthodes de vote de Phragmén et représentation justifiée". Actes de l'AAAI
Conférence sur l'intelligence artificielle. 31 (1). ISSN 2374-3468.

[10]. Procaccia, Ariel D. ; Rosenschein, Jeffrey S. ; Zohar, Aviv (2007-04-19). "On the
complexité de la représentation proportionnelle". Choix social et bien-être. 30 (3) :
353–362. doi:10.1007/s00355-007-0235-2. S2CID 18126521.

[11]. Chamberlin, John R. ; Courant, Paul N. (1983).
"   Délibérations et décisions représentatives : La règle proportionnelle de Borda".
The American Political Science Review. 77 (3) : 718-733.
doi:10.2307/1957270. ISSN 0003-0554.

[12]. "Comités de la majorité". Journal of Economic Theory. 25 (2) : 255-268. 1981-10-01.
doi:10.1016/0022-0531(81)90005-3. ISSN 0022-0531.

[13]. Fishburn, P. C. (1981). "An Analysis of Simple Voting Systems Electing Committees" (Analyse des systèmes de vote simples pour l'élection des commissions).
SIAM Journal on Applied Mathematics. 41 (3) : 499-502.
doi:10.1137/0141041. ISSN 0036-1399.

[14]. "Comment savoir s'il s'agit d'un comité de Condorcet ?
Sciences sociales mathématiques. 66 (3) : 282-292. 2013-11-01.
doi:10.1016/j.mathsocsci.2013.06.004. ISSN 0165-4896. PMC 4376023.

[15]. "The Condorcet criterion and committee selection". Sciences sociales mathématiques. 10(3) :
199-209. 1985-12-01. doi:10.1016/0165-4896(85)90043-5. ISSN 0165-4896.

[16]. Ratliff, T. C. (2003). "Quelques incohérences surprenantes lors de l'élection des comités". Social
Choice and Welfare. 21 (3) : 433–454. doi:10.1007/s00355-003-0209-y. ISSN 1432-217X.

[17]. Barberà, S. ; Coelho, D. (2008). "Comment choisir une liste non controversée avec k noms".
Social Choice and Welfare. 31 (1) : 79-96. ISSN 0176-1714.

[18]. Coelho, Danilo ; Barberà, Salvador (2005).

Comprendre, évaluer et sélectionner les règles de vote à l'aide de jeux et d'axiomes.
Bellaterra : UniversitatAutònoma de Barcelona. ISBN 978-84-689-0967-7.
[19]. "On stable rules for selecting committees". Journal of Mathematical Economics. 70 : 36-
44. 2017-05-01. doi:10.1016/j.jmateco.2017.01.008. ISSN 0304-4068.
[20]. Elkind, Edith ; Lang, Jérôme ; Saffidine, Abdallah (2015). "Condorcet winning sets".
Social Choice and Welfare. 44 (3) : 493-517. ISSN 0176-1714.
[21]. Aziz, Haris ; Monnot, J. (2020). "Calculer et tester les comités optimaux de Pareto".
Agents autonomes et systèmes multi-agents. 34 (1) : 24. arXiv:1803.06644. doi:10.1007/s10458-020-09445-y. ISSN 1573-7454.
[22]. Faliszewski, Piotr ; Skowron, Piotr ; Slinko, Arkadii ; Talmon, Nimrod (2016-07-09).
"Règles de notation des comités : classification axiomatique et hiérarchie". Actes du
Vingt-cinquième conférence internationale conjointe sur l'intelligence artificielle. IJCAI'16.
New York, New York, USA : AAAI Press : 250-256. ISBN 978-1-57735-770-4.
[23]. Skowron, Piotr ; Faliszewski, Piotr ; Lang, Jerome (2015-01-01).
Trouver un ensemble collectif d'éléments : De la multi-représentation à la recommandation de groupe.
Actes de la vingt-neuvième conférence de l'AAAI sur l'intelligence artificielle.
AAAI'15. 1402. pp. 213 2137. arXiv:1402.3044.
Bibcode:2014arXiv1402.3044S. ISBN 978-0262511292.
[24]. Lu, Tyler ; Boutilier, Craig (2011-01-01). Budgeted Social Choice : From Consensus to
Prise de décision personnalisée. Compte rendu de la vingt-deuxième conférence internationale conjointe sur la prise de décision.
Conference on Artificial Intelligence. IJCAI'11. pp. 280-286.
doi:10.5591/978-1-57735-516-8/IJCAI11-057. ISBN 9781577355137.
[25]. Skowron, Piotr ; Faliszewski, Piotr ; Slinko, Arkadii (2015-05-01).
"Réaliser une représentation entièrement proportionnelle : Approximability results".
Artificial Intelligence. 222 : 67-103. arXiv:1312.4026.
doi:10.1016/j.artint.2015.01.003. S2CID 467056.
[26]. Caragiannis, Ioannis ; Nath, Swaprava ; Procaccia, Ariel D. ; Shah, Nisarg (16 janvier
2017). "Subset Selection Via Implicit Utilitarian Voting". Journal of Artificial Intelligence
Research. 58 : 123-152. doi:10.1613/jair.5282.
[27]. Procaccia, Ariel D. ; Rosenschein, Jeffrey S. (2006). "The Distortion of Cardinal

Preferences in Voting". Cooperative Information Agents X. Lecture Notes in Computer
Science. 4149. pp. 317-331. CiteSeerX 10.1.1.113.2486.
doi:10.1007/11839354_23. ISBN 978-3-540-38569-1.
[28]. Boutilier, Craig ; Caragiannis, Ioannis ; Haber, Simi ; Lu, Tyler ; Procaccia, Ariel D. ;
Sheffet, Or (2015). "Fonctions optimales de choix social : A utilitarian view". Artificiel
Intelligence. 227 : 190-213. doi:10.1016/j.artint.2015.06.003.
[29]. Benadè, Gerdus ; Nath, Swaprava ; Procaccia, Ariel D. ; Shah, Nisarg (mai 2021).
"Preference Elicitation for Participatory Budgeting". Management Science. 67 (5) : 2813-
2827. doi:10.1287/mnsc.2020.3666.

Chapitre (6) : Comportement de vote

6.1. Préface

Le comportement électoral fait référence à la manière dont les gens décident de voter [1]. Cette décision est influencée par une interaction complexe entre les attitudes de l'électeur et les facteurs sociaux [1]. Les attitudes de l'électeur comprennent des caractéristiques telles que la prédisposition idéologique, l'identité du parti, le degré de satisfaction à l'égard du gouvernement en place, les tendances en matière de politique publique et les sentiments à l'égard des traits de personnalité d'un candidat [1]. Les facteurs sociaux comprennent la race, la religion et le degré de religiosité, la classe sociale et économique, le niveau d'éducation, les caractéristiques régionales et le sexe [1]. Le degré d'identification d'une personne à un parti politique influence le comportement électoral [2], tout comme l'identité sociale [3]. La prise de décision des électeurs n'est pas une entreprise purement rationnelle, mais elle est profondément influencée par des préjugés personnels et sociaux et des croyances profondément ancrées [4], ainsi que par des caractéristiques telles que la personnalité, la mémoire, les émotions et d'autres facteurs psychologiques [5, 6]. Les applications de conseils de vote [7] et le fait d'éviter les votes gaspillés grâce au vote stratégique [8] peuvent avoir un impact sur le comportement électoral.

6.2. Les types

Le comportement des électeurs est souvent influencé par leur loyauté [9]. Il existe une corrélation entre la satisfaction de l'électeur à l'égard des réalisations d'un parti politique et de la manière dont il a géré une situation, et l'intention de l'électeur de voter à nouveau pour le même parti [9]. Ainsi, si l'électeur est très satisfait de la manière dont le parti politique s'est comporté, la probabilité qu'il vote à nouveau lors des prochaines élections est élevée [9]. En outre, les informations fournies à l'électeur sont importantes pour comprendre le comportement électoral. Les informations fournies à l'électeur n'influencent pas seulement la personne pour laquelle il votera, mais aussi son intention de voter ou non [10].

6.3. Influence des clivages

Trois facteurs de clivage, ou différences individuelles ayant un impact sur le comportement électoral, ont été étudiés dans le cadre de recherches existantes : la religion, la classe sociale et le sexe [11]. Ces dernières années, le clivage du vote s'est déplacé de la religion protestante à la religion catholique pour se concentrer davantage sur les penchants religieux ou non religieux [11]. Les conceptions traditionnelles du vote de classe dictent une préférence de la classe ouvrière pour les partis de gauche et de la classe moyenne pour les partis de droite. L'influence du vote de classe dépend de l'environnement politique et de la situation géographique, de nombreux pays observant des préférences opposées [11, 12].

De nombreux comportements électoraux fondés sur le clivage sont interconnectés et s'appuient souvent les uns sur les autres [11]. Ces facteurs ont également tendance à avoir un poids différent selon les pays, en fonction de leur environnement politique, ce qui signifie qu'il n'y a pas d'explication universelle au clivage du vote dans tous les pays démocratiques [11]. Chaque facteur a un niveau d'importance et d'influence différent sur le vote d'une personne en fonction du pays dans lequel elle vote [11].

6.4. Dépendance électorale

Les recherches menées à la suite du référendum chypriote de 2004 ont permis d'identifier quatre comportements électoraux distincts en fonction du type d'élection [13]. Les citoyens utilisent des critères de décision différents selon qu'ils sont appelés à exercer leur droit de vote lors d'élections présidentielles, législatives, locales ou d'un référendum [13].

Lors des élections nationales, les électeurs votent généralement en fonction de leur idéologie politique [13]. Lors des élections locales et régionales, les électeurs ont tendance à voter pour ceux qui semblent les plus aptes à apporter une contribution à leur région [13]. Le comportement des électeurs lors des référendums diffère légèrement, car ils votent pour ou contre une politique clairement définie [13].

6.5. Partisanerie

Les élections de 2016 au Japon ; Une étude de 1960 sur le Japon d'après-guerre a montré que les citoyens vivant dans les zones urbaines étaient plus susceptibles de soutenir les partis socialistes ou progressistes, tandis que les citoyens vivant dans les zones rurales étaient favorables aux partis conservateurs [14].

Le vote partisan est également un motif important derrière le vote d'un individu et peut influencer le comportement électoral [15]. Une étude réalisée en 2000 sur le vote partisan aux États-Unis a montré que le vote partisan avait un effet important sur le comportement électoral [15]. Cependant, le vote partisan a un effet plus important sur les élections nationales, telles que les élections présidentielles, que sur les élections législatives [15]. En outre, le comportement électoral partisan varie en fonction de l'âge et du niveau d'éducation de l'électeur. Les personnes âgées de plus de cinquante ans et celles qui n'ont pas de diplôme d'études secondaires sont plus susceptibles de voter en fonction de leur loyauté partisane [15, 16]. Par exemple, aux États-Unis, les électeurs titulaires d'un diplôme universitaire se sont nettement tournés vers les candidats du Parti démocrate au cours des trois dernières décennies [17]. Cette recherche est basée sur les États-Unis et n'a pas été confirmée pour prédire avec précision les habitudes de vote dans d'autres démocraties [15].

Une étude réalisée en 1960 sur le Japon de l'après-guerre a révélé que les citoyens vivant dans les zones urbaines étaient plus enclins à soutenir les partis socialistes ou progressistes, tandis que les citoyens vivant dans les zones rurales étaient favorables aux partis conservateurs [14].

Il a également été démontré que les électeurs sont influencés par les politiques de coalition et d'alliance, et par le fait que ces coalitions se forment avant ou après une élection [18]. Dans ce cas, les électeurs peuvent être influencés par les sentiments qu'ils éprouvent à l'égard des partenaires de la coalition lorsqu'ils prennent en compte leurs sentiments à l'égard de leur parti politique préféré [18].

6.6. Différences entre les sexes

En 2016, un pourcentage plus élevé de femmes blanches aux États-Unis a voté pour Donald Trump plutôt que pour Hillary Clinton [19].

Le sexe est un facteur important à prendre en compte lorsqu'il s'agit de tirer des conclusions sur le comportement électoral. Le sexe interagit souvent avec des facteurs tels que la région, la race, les différences professionnelles, l'âge, l'appartenance ethnique, le niveau d'éducation et d'autres caractéristiques pour produire un effet multiplicatif distinct sur le comportement électoral [20]. La plupart des recherches sur les différences entre les sexes dans le comportement électoral se sont concentrées sur l'écart entre les sexes et le réalignement des femmes aux États-Unis vers le parti démocrate dans les années 1980 [21]. Des recherches plus récentes axées sur l'écart partisan entre les sexes aux États-Unis suggèrent que cet écart entre les sexes est en fait un écart racial, car les femmes blanches aux États-Unis ont toujours soutenu le Parti républicain et étaient plus susceptibles de voter pour Donald Trump plutôt que pour Hillary Clinton lors de l'élection présidentielle de 2016 [19]. Des recherches plus récentes et à venir élargissent ce point de vue à une perspective globale, en utilisant les perceptions transnationales des différences de genre dans le comportement électoral pour faire des prédictions qui prennent en compte le rôle du genre dans les décisions de vote [20].

6.7. Perspective historique et mondiale

Femmes afghanes votant lors de l'élection présidentielle de 2004 ; sous le régime des talibans, les femmes ne sont pas autorisées à parcourir plus de 72 kilomètres sans chaperon masculin, ce qui constitue un obstacle au vote [22].

À l'ère moderne, la Nouvelle-Zélande a été le premier pays à accorder le droit de vote aux femmes, en 1893 [23]. La grande majorité des nations ont officiellement accordé le droit de vote aux femmes au cours du siècle dernier, bien que de nombreuses femmes aient été empêchées de voter pendant des décennies, comme les femmes noires dans de nombreuses régions des États-Unis avant les années 1960 [23]. En 2023, pratiquement toutes les nations autres que la Cité du Vatican accorderont officiellement le droit de vote aux femmes, bien qu'il existe des obstacles importants au suffrage des femmes dans de nombreux endroits qui peuvent rendre le vote impossible ou presque impossible [23]. Parmi les exemples, citons l'Afghanistan, où les femmes ne sont pas autorisées à parcourir plus de 72 kilomètres sans être accompagnées d'un homme [22], et certaines régions du Kenya, où de nombreuses femmes n'ont pas pu voter lors des dernières élections en raison de violences sexuelles liées aux élections [24, 25].

La recherche sur les différences entre les sexes en matière de vote s'est historiquement concentrée sur les démocraties occidentales économiquement avancées, bien qu'il y ait de plus en plus de recherches sur les préférences des femmes en matière de vote dans les pays à faible revenu [26]. La recherche a démontré qu'il existe des différences de vote entre les hommes et les femmes dans le monde entier [20]. La cause de cet écart varie souvent d'un pays à l'autre et d'une région à l'autre [20]. Les facteurs socio-économiques, les contraintes situationnelles pesant sur les femmes et les différences de priorités politiques sont des explications fréquemment utilisées pour expliquer les écarts entre les sexes en matière de vote [20]. Les études indiquent que la manière dont ces facteurs interagissent avec le comportement électoral dépend du lieu, des normes culturelles, du niveau d'alphabétisation [27], de l'expérience vécue et d'autres facettes de l'identité, notamment la race, l'appartenance ethnique et l'âge [20]. Il est donc important d'utiliser une optique intersectionnelle - c'est-à-dire une optique dans laquelle la race, l'ethnicité, le statut économique, l'identité sexuelle, le niveau d'éducation et d'autres facteurs sont pris en compte - et d'explorer le genre dans le contexte de ces autres facteurs pour mieux comprendre le comportement électoral [20].

6.8. Influence du genre sur les sources du comportement électoral individuel

Les influences sur le choix des candidats ont été liées à trois influences principales sur le comportement électoral [1]. Ces influences comprennent, sans s'y limiter, les convictions en matière d'enjeux et de politiques publiques, la perception des performances du gouvernement et l'évaluation personnelle des caractéristiques du candidat [1]. Ces facteurs sont influencés par une série de facteurs combinés, dont le sexe [20].

6.9. Problématique et : convictions en matière de politique publique

Les électeurs doivent avoir des opinions sur le sujet et reconnaître les différences entre les candidats à ce sujet pour que cela influence leur choix [28].

Souvent, les électeurs auront des points de vue trop instables pour servir de référence à la comparaison des candidats, tandis que d'autres ne détecteront aucune distinction significative entre eux sur le sujet [29]. D'autres électeurs auront des opinions fermes et des perceptions distinctes des différences entre les candidats, en particulier lorsque les candidats indiquent directement leurs distinctions [28]. En ce qui concerne le comportement électoral, le point crucial n'est pas de savoir si les électeurs ont un choix spécifique de candidat ou de politique, mais plutôt dans quelle mesure ils différencient les candidats sur les questions de politique et décident pour qui voter sur cette base [30].

L'idéologie partisane influence ces points de vue sur la politique. Aux États-Unis, l'idéologie influence la manière dont les électeurs votent lors des élections présidentielles en fonction de leurs convictions sur certaines questions politiques. Une autre méthode d'influence est l'identification au parti, qui, associée à l'idéologie, peut également façonner la manière dont les électeurs perçoivent la politique [28].

6.10. Écart entre les sexes dans les préférences partisanes

L'ancien Premier ministre britannique David Cameron au Sommet de Londres sur le planning familial ; le parti conservateur britannique dirigé par David Cameron entre 1997 et 2010 a réussi à gagner les voix des jeunes femmes en abordant des questions telles que le planning familial financé par l'État [31].

Les recherches sont mitigées quant à l'existence ou non d'un écart entre les sexes en matière de préférences partisanes et, le cas échéant, quant à son ampleur [32]. Les recherches qui confirment l'existence de cet écart soulignent que les jeunes femmes, en particulier, sont plus susceptibles de soutenir des candidats progressistes de gauche que les hommes [33]. La cause de ce changement est encore à l'étude, mais l'une des théories les plus répandues soutient que les différences de comportement électoral entre les sexes peuvent être attribuées, du moins en partie, à la présence croissante des femmes sur le marché du travail en raison des réformes structurelles, de l'amélioration de l'accès des femmes au système éducatif, de la remise en question des rôles traditionnels des hommes et des femmes [34] et de la quantité disproportionnée de tâches non rémunérées que les femmes accomplissent en tant que dispensatrices de soins [31]. Ces évolutions ont conduit les jeunes femmes à soutenir davantage les partis politiques de gauche qui tendent à donner la priorité à des questions particulièrement importantes pour les femmes [33].

Un exemple pertinent à cet égard est celui des partis de droite qui ont abordé des questions économiques pertinentes telles que les services de garde d'enfants financés par l'État, comme le parti conservateur britannique dirigé par David Cameron entre 1997 et 2010, qui ont depuis lors mieux réussi à gagner les votes des jeunes femmes [31].

6.11. Perception de la performance des pouvoirs publics

Le comportement électoral est fortement influencé par les évaluations rétrospectives des performances du gouvernement, qu'il convient de différencier de l'influence des questions politiques [35]. Des opinions différentes sur ce que le gouvernement devrait faire sont impliquées dans les questions politiques, qui sont prospectives ou basées sur ce qui va se passer. Les évaluations des performances, qui sont rétrospectives, contiennent des différences quant à l'efficacité des performances du gouvernement [36, 37].

Le sexe du législateur et de l'électeur peut influer sur la perception qu'ont les électeurs des performances du gouvernement [38]. Une étude réalisée en 2019 auprès d'un échantillon national représentatif de citoyens américains a montré que la représentation égale des femmes dans les organes de décision politique renforce la confiance et l'approbation générale de ces organes dans tous les domaines et résultats politiques [38].

6.12. Évaluations personnelles des candidats

Les électeurs évaluent fréquemment les qualités personnelles des candidats, telles que l'expérience, l'intégrité, la moralité, la compassion, la compétence et le potentiel de leadership [39]. Ces opinions établies sur les traits de caractère des candidats sont développées en plus de la façon dont ils les perçoivent en termes de questions politiques et de politique générale, et ces jugements ont un impact significatif sur les décisions de vote [39]. La perception de la compétence, de l'intérêt, de la sincérité, de la fiabilité et de la capacité de leadership des candidats s'est avérée être une caractéristique cruciale de leur caractère personnel [39]. Les qualités qui comptent et la manière dont ces perceptions sont formées sont liées à divers facteurs identitaires, dont le sexe [40, 41].

6.13. Préjugés sexistes dans le vote

Historiquement, le pouvoir politique a été détenu de manière disproportionnée par les hommes [42]. Cet équilibre non représentatif se reflète encore aujourd'hui, la grande majorité des plus hautes fonctions politiques étant occupées par des hommes [1]. Cette tendance se maintient même dans les démocraties où les postes politiques sont techniquement accessibles à tous les sexes [42]. Cette disparité est le résultat d'une multitude de facteurs, mais certains suggèrent que les préjugés sexistes des électeurs jouent un rôle dans le maintien de ce fossé politique entre les hommes et les femmes [40].

Les caractéristiques physiques des candidats politiques influencent les préjugés des électeurs d'une manière spécifiquement liée au genre [40]. Une étude réalisée en 2008 a montré que les hommes sont plus enclins à voter pour des candidates séduisantes, tandis que les femmes sont plus enclines à voter pour des candidats masculins accessibles. Cette constatation fait écho aux différents critères que les candidates doivent remplir, contrairement aux candidats, pour être prises au sérieux en tant que concurrentes dans les courses politiques [40].

La recherche indique également que le sexe d'un candidat politique modifie la manière dont les électeurs évaluent les qualifications politiques [41]. Ce que les électeurs veulent savoir sur un candidat varie en fonction du sexe du candidat. Pour les candidates, les électeurs recherchent davantage d'informations liées aux compétences, telles que le niveau d'éducation et l'expérience professionnelle, que pour les candidats. Ainsi, les informations que les électeurs recherchent sur les candidats varient en fonction du sexe, ce qui a un impact indirect sur le comportement électoral [41].

Il est également prouvé que la présence d'une candidate encourage l'engagement politique et le vote [43]. Il a été constaté que la simple présence d'une candidate augmentait le taux de participation électorale des femmes [43]. Cette constatation confirme l'idée que la représentation descriptive des femmes dans les campagnes a un impact sur les attitudes politiques générales et le comportement électoral des femmes [43].

6.14. Autres considérations
6.14.1. Différences entre les sexes en matière d'engagement politique

Les différences entre les sexes dans le comportement électoral sont des composantes des différences entre les sexes dans l'engagement politique [44]. L'engagement politique fait référence aux méthodes d'implication individuelle dans les pratiques politiques et peut être divisé en engagement politique conventionnel et engagement politique non conventionnel [44]. Les pratiques conventionnelles comprennent le vote, l'écriture de lettres et la signature de pétitions [44]. Les pratiques non conventionnelles comprennent la participation à des manifestations violentes ou non, à des grèves et à des piquets de grève [44].

De nombreuses études transnationales ont montré que les femmes sont moins susceptibles de s'engager dans des pratiques d'engagement politique au sens large [45]. Cela signifie que les femmes sont moins susceptibles de s'engager dans la pratique du vote en général. Parmi les exceptions notables, on peut citer l'engagement électoral aux États-Unis, où les femmes ont des taux de participation plus élevés aux élections présidentielles, mais sont toujours moins susceptibles de participer à d'autres formes d'engagement politique conventionnel et non conventionnel [46].

Une étude réalisée en Allemagne a montré que les femmes qui ont accès aux ressources éducatives et qui vivent dans des sociétés qui promeuvent des valeurs et des pratiques égalitaires sont plus susceptibles de s'engager en politique que celles qui n'ont pas accès à l'éducation et qui vivent dans des sociétés aux normes et pratiques plus essentialistes, dans lesquelles les rôles de genre sont plus répandus et où les femmes sont considérées comme essentiellement "féminines" et fondamentalement différentes des hommes [47].

6.15. Le comportement électoral des femmes noires

Les femmes membres du Congressional Black Caucus 2019 ; aux États-Unis, les femmes noires sont beaucoup plus susceptibles que les femmes blanches et les hommes noirs de voter pour le candidat démocrate [48, 49].

Aux États-Unis, les femmes noires sont beaucoup plus susceptibles que les femmes blanches et les hommes noirs de voter pour des candidats démocrates, une tendance qui persiste depuis les années 1960 [49], et elles sont beaucoup plus susceptibles de voter que leur revenu ne le laisserait supposer [50]. Alors que le revenu est généralement associé à la propension à voter, cela ne semble pas être le cas pour les femmes noires [50]. L'analyse des données de l'U.S. Cooperative Congressional Election Study, une vaste enquête qui fait correspondre les répondants à leurs dossiers électoraux, a révélé que les femmes noires à faible revenu ont un taux de vote prédit significativement plus élevé que les hommes noirs, les hommes blancs ou les femmes blanches de la même catégorie de revenu. Alors que les chercheurs ont constaté que le revenu prédisait fortement la participation au vote chez les Blancs, il jouait un rôle moins important dans la participation au vote chez les femmes noires. Certains ont émis l'hypothèse que cette participation accrue aux élections s'explique par le fait que le vote et d'autres formes d'engagement civique sont des moyens de faire face au stress d'une discrimination raciale persistante [51, 52].

6.16. Les préférences électorales des femmes en Inde

Une grande partie de la discussion ci-dessus concerne les préférences électorales des femmes aux États-Unis et en Europe. Des tendances récentes en Inde, la plus grande démocratie du monde, ont montré que les femmes sont plus susceptibles de voter en fonction de leur religion que de leur sexe, même lorsque les partis proposent des politiques qui pourraient sembler bénéficier aux femmes [53]. Une enquête menée auprès des électeurs du Bengale occidental, en Inde, a révélé que le choix du parti était associé à la profession et au choix du journal, et non au sexe, à la situation matrimoniale ou au revenu [54].

6.17. Références

[1]. "Voting Behavior". www.icpsr.umich.edu. Consulté le 2023-05-03.
[2]. "Comment l'identité façonne le comportement électoral". Université de Chicago Booth School of
   Entreprises. Consulté le 2023-05-03.
[3]. Jenke, Libby ; Huettel, Scott A. (novembre 2016).
   "Questions ou identité ? Cognitive Foundations of Voter Choice". Tendances en matière de
   Sciences. 20 (11) : 794-804. doi:10.1016/j.tics.2016.08.013. ISSN 1364-6613.
[4]. Caplan, B. (2007). Le mythe de l'électeur rationnel : Pourquoi les démocraties choisissent de mauvais
   Politiques - Nouvelle édition (REV-Revised). Princeton University Press. doi:10.2307/j.ctvcm4gf2
[5]. Healy, Andrew J. ; Malhotra, Neil ; Mo, Cecilia Hyunjung (2010-07-06). "Les événements non pertinents affectent les évaluations de la performance du gouvernement par les électeurs". Actes de la conférence
   l'Académie nationale des sciences. 107 (29) : 12804-12809.
   Bibcode:2010PNAS..10712804H.
[6]. Beck, PA, et al (2002). The social calculus of voting : Interpersonal, media, and
   influences organisationnelles sur les choix présidentiels. Am PolitSci Rev 96 (1) : 57-73.
[7]. Garzia, Diego ; Marschall, Stefan (2016).
   "Recherche sur les applications de conseil en matière de vote : État de l'art et orientations futures".
   Policy & Internet. 8 (4) : 376-390. doi:10.1002/poi3.140. hdl:1814/45127.
[8]. Alvarez, R. Michael ; Nagler, Jonathan (2000).
   "Une nouvelle approche pour la modélisation du vote stratégique dans les élections multipartites". British Journal
   of Political Science. 30 : 57-75. doi:10.1017/S000712340000003X. S2CID 18214677.
[9]. Schofield, P. et Reeves, P. (2014).
   "La théorie factorielle de la satisfaction explique-t-elle le comportement de vote politique ?

Journal of Marketing, Vol. 49 No. 5/6, pp. 968-992, 0309-0566.
DOI : 10.1108/EJM-08-2014-0524

[10]. Palfrey, T.R. et Poole, K.T. (1987).
"La relation entre l'information, l'idéologie et le comportement électoral".
American Journal of Political Science, Vol. 31, No. 3. pp. 511-530.
DOI : https://www.jstor.org/stable/2111281

[11]. Brooks, C., Nieuwbeerta, P., et Manza, J. (2006).
"Le comportement de vote basé sur le clivage dans une perspective transnationale : Evidence from six postwar
démocraties". Social Science Research, 35, 88-128, 35(1), 88.
DOI: https://doi.org/10.1016/j.ssresearch.2004.06.005

[12]. Ben Milne, (2019) "General election 2019 : "Do people still vote according to class ?".
British Broadcasting Corporation

[13]. Andreadis, Ioannis ; Chadjipadelis, Th. (2006). Différences dans le comportement électoral (PDF).
Fukuoka, Japon : Actes du 20e congrès mondial de l'IPSA. pp. 1-13. 9-13 juillet,
2006.

[14]. Kyogoku, Jun'ichi ; Ike, Nobutaka (octobre 1960). "Urban-rural differences in voting
comportement dans le Japon d'après-guerre". Economic Development Cultural Change. 9 (1) : 167-185.
doi:10.1086/449885. JSTOR 1151841. S2CID 154258987.

[15]. Bartels, L.M. (2000). "Partisanship and Voting Behavior, 1952-1996". American Journal
Political Science, Vol. 44, No. 1, pp. 35-50. URL : https://www.jstor.org/stable/2669291

[16]. Robison, Joshua (décembre 2021).
"Quelle est la valeur du vote partisan correct dans les élections présidentielles américaines ?
Psychologie politique. 42 (6) : 977–993. doi:10.1111/pops.12729. ISSN 0162-895X...

[17]. Jones, Bradley (2018-03-20).
"Un écart important entre les sexes et une fracture éducative croissante dans l'identification des partis par les électeurs".
Pew Research Center - U.S. Politics & Policy. Consulté le 2023-05-03.

[18]. Bergman, Matthew Edward (4 mai 2020).
"Tri entre et au sein des coalitions : le cas italien (2001-2008)". Politique italienne
Science Review / RivistaItaliana di ScienzaPolitica. 51 : 42-66.
doi:10.1017/ipo.2020.12. ISSN 0048-8402.

[19]. Junn, Jane ; Masuoka, Natalie (décembre 2020).
"The Gender Gap Is a Race Gap : Women Voters in US Presidential Elections".

Perspectives sur la politique. 18 (4) : 1135–1145. doi:10.1017/S1537592719003876.

[20]. Studlar, Donley T. ; McAllister, Ian ; Hayes, Bernadette C. (1998).

"Explication de l'écart entre les sexes en matière de vote : Une analyse transnationale". Sciences sociales

Trimestriel. 79 (4) : 779-798. ISSN 0038-4941. JSTOR 42863847.

[21]. Manza, Jeff ; Brooks, Clem (mars 1998).

"L'écart entre les sexes dans les élections présidentielles américaines : Quand ? Pourquoi ? Implications".

American Journal of Sociology. 103 (5) : 1235-1266. doi:10.1086/231352.

[22]. Faria, Giovana (2022-09-13). "Droits des femmes : Un an après la prise de pouvoir par les talibans".

Radio Free Europe/Radio Liberty. Consulté le 2023-05-03.

[23]. Schaeffer, Katherine.

"Faits marquants sur le droit de vote des femmes après la ratification du 19e amendement par les États-Unis".

Pew Research Center. Consulté le 2023-05-03.

[24]. "Briser les cycles de violence :   Réponse à la prévention de la violence sexuelle liée aux élections".

HCDH. Consulté le 2023-05-03.

[25].   Yoon, Mi Yung ; Okeke, Christol (2019), Franceschet, Susan ; Krook, Mona Lena ; Tan,

Netina (eds.), "Kenya : Women's Suffrage and Political Participation as Voters" (Le suffrage des femmes et la participation politique en tant qu'électrices), The

Palgrave Handbook of Women's Political Rights, Londres : Palgrave Macmillan UK,

pp. 243-256, doi:10.1057/978-1-137-59074-9_17.

[26].   Kittilson, Miki Caul (2016-05-09). "Genre et comportement politique". Oxford Research

Encyclopédie des politiques. doi:10.1093/acrefore/9780190228637.013.71. Consulté le 2023-

05-03.

[27]. gap.hks.harvard.edu. Consulté le 2023-05-04.

[28].   "Public Policy Issue Orientations". www.icpsr.umich.edu. Consulté le 2023-05-03.

[29].   Université du Michigan. Survey Research Center (1976). L'électeur américain. Angus

Campbell. Chicago : University of Chicago Press. ISBN 0-226-09253-4. OCLC 2644153.

[30]. Nie, Norman H. ; Verba, Sidney ; Petrocik, John R. (1979-12-31).

The Changing American Voter. doi:10.4159/harvard.9780674429147.

[31]. Campbell, Rosie ; Shorrocks, Rosalind (2021). "Les électrices prennent le volant ?

The Political Quarterly. 92 (4) : 652–661. doi:10.1111/1467-923x.13053.

[32]. VAUS, DAVID ; McALLISTER, IAN (mai 1989).

"L'évolution de la politique des femmes : genre et alignement politique dans 11 pays".
Revue européenne de recherche politique. 17 (3) : 241-262.
[33]. Giger, Nathalie (2009-09-01). "Vers un fossé moderne entre les hommes et les femmes en Europe ? The Social
Science Journal. 46 (3) : 474–492. doi:10.1016/j.soscij.2009.03.002.
[34]. Inglehart, Ronald ; Norris, Pippa (2003-04-14). Rising Tide. Cambridge University Press.
doi:10.1017/cbo9780511550362. ISBN 978-0-521-52950-1.
[35]. Eulau, Heinz ; Fiorina, Morris P. (1981).
"Le vote rétrospectif dans les élections nationales américaines". Sciences politiques
Trimestriel. 96 (4) : 671. doi:10.2307/2149903. ISSN 0032-3195.
[36]. Becker, Jeffrey A. (1998-01-01).
The New American Voter (Cambridge, Massachusetts : Harvard University Press, 1996).
pp. 624, US$19.95" . Political Science. 49 (2) : 311-313.
[37]. "Evaluations de la performance des gouvernements". www.icpsr.umich.edu. Consulté le 2023-05-03.
[38]. Clayton, Amanda ; O'Brien, Diana Z. ; Piscopo, Jennifer M. (2018-09-25).
"Des panels exclusivement masculins ? Representation and Democratic Legitimacy". American Journal of
Science politique. 63 (1) : 113–129. doi:10.1111/ajps.12391.
[39]. "Caractéristiques des candidats". www.icpsr.umich.edu. Consulté le 2023-05-03.
[40]. Chiao, Joan Y. ; Bowman, Nicholas E. ; Gill, Harleen (2008-10-31). Santos, Laurie
"L'écart politique entre les hommes et les femmes : le biais de genre dans les inférences faciales qui prédisent le comportement de vote".
PLOS ONE. 3 (10) : e3666.
Bibcode:2008PLoSO...3.3666C. doi:10.1371/journal.pone.0003666.
[41]. Ditonto, Tessa M. ; Hamilton, Allison J. ; Redlawsk, David P. (2013-05-14).
"Stéréotypes de genre, recherche d'information et comportement de vote dans les campagnes politiques".
Political Behavior. 36 (2) : 335–358. doi:10.1007/s11109-013-9232-6.
[42]. B Teele, Dawn Langan ; Kalla, Joshua ; Rosenbluth, Frances (août 2018).
"Les liens qui se dédoublent : Les rôles sociaux et la sous-représentation des femmes en politique".
American Political Science Review. 112 (3) : 525–541. doi:10.1017/S0003055418000217.
[43]. Atkeson, Lonna Rae (novembre 2003).
" Tous les indices ne sont pas égaux : L'engagement politique conditionnel des candidates".
The Journal of Politics. 65 (4) : 1040–1061. doi:10.1111/1468-2508.t01-1-00124.

[44]. "Participation politique". home.csulb.edu. Consulté le 2023-05-03.
[45]. Inglehart, Ronald ; Norris, Pippa (2003-04-14).
Rising Tide : Gender Equality and Cultural Change Around the World (1 ed.). Cambridge
University Press. doi:10.1017/cbo9780511550362. ISBN 978-0-521-52950-1.
[46]. "Gender Differences in Voter Turnout". cawp.rutgers.edu. Consulté le 2023-05-03.
[47]. O'Brien, Diana Z. ; Reyes-Housholder, Catherine (2020-08-06),
"Women and Executive Politics", The Oxford Handbook of Political Executives, Oxford
University Press, pp. 251-272, doi:10.1093/oxfordhb/9780198809296.013.26.
[48]. Rigueur, Leah Wright (2020-11-21).
"La différence majeure entre les électeurs noirs masculins et féminins". The Atlantic.
Consulté le 2023-05-04.
[49]. Gillespie, Andra ; Brown, Nadia E. (2019).
"#BlackGirlMagic Demystified : Les femmes noires en tant qu'électrices, partisanes et actrices politiques".
Phylon. 56 (2) : 37-58. ISSN 0031-8906. JSTOR 26855823.
[50]. Laurison, Daniel ; Brown, Hana ; Rastogi, Ankit (2021-12-09).
" Voting Intersections : Race, Participation in Presidential Elections in US 2008-2016".
Perspectives sociologiques. 65 (4) : 768–789. doi:10.1177/07311214211059136..
[1]. Lafrenière, Bianca ; Audet, Élodie C. ; Kachanoff, Frank ; Christophe, N. Keita ; Holding,
Anne C. ; Janusauskas, Lauren ; Koestner, Richard (2023-04-03).
"Différences entre les sexes dans la perception de la menace du racisme et de l'activisme chez les jeunes adultes noirs".
Journal of Community Psychology : jcop.23043. doi:10.1002/jcop.23043.
[52]. Szymanski, Dawn M. (août 2012).
"Racist Events and Individual Coping Styles as Predictors of African American Activism" (Événements racistes et styles d'adaptation individuels en tant que prédicteurs de l'activisme afro-américain).
Journal of Black Psychology. 38 (3) : 342–367. doi:10.1177/0095798411424744.
[53]. Zakaria, Rafia (2019-05-02).
"Pourquoi les femmes ne sont-elles pas plus présentes dans les élections indiennes ?
La Nouvelle République. ISSN 0028-6583. Consulté le 2023-05-04.
[54]. Banerjee, Saikat ; Ray Chaudhuri, Bibek (2018-01-02).
"Influence de la démographie des électeurs sur le choix des partis politiques en Inde".

Journal of Political Marketing. 17 (1) : 90–117. doi:10.1080/15377857.2016.1147513.

Chapitre (7) : Théorie de l'altruisme

7.1. Préface

La théorie altruiste du vote est un modèle de comportement des électeurs qui stipule que si les citoyens d'une démocratie ont des préférences "sociales" pour le bien-être des autres, la probabilité extrêmement faible qu'un seul vote détermine une élection sera compensée par les importants avantages cumulés que la société recevra si la politique préférée de l'électeur est adoptée, de sorte qu'il est rationnel pour un citoyen "altruiste", qui tire profit de l'aide apportée aux autres, de voter [1]. Le vote altruiste a été comparé à l'achat d'un billet de loterie, où la probabilité de gagner est extrêmement faible, mais où le gain est suffisamment important pour que le bénéfice attendu soit supérieur au coût [2].

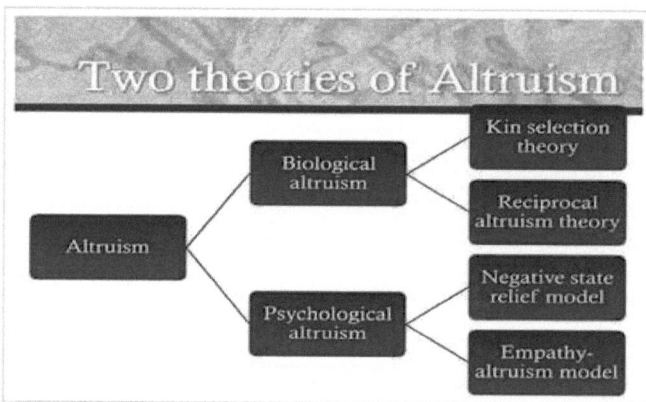

Depuis l'échec des modèles standard de choix rationnel - qui supposent que les électeurs ont des préférences "égoïstes" - à expliquer la participation aux grandes élections, les économistes des choix publics et les spécialistes des sciences sociales se sont de plus en plus tournés vers l'altruisme pour expliquer pourquoi des individus rationnels choisiraient de voter malgré l'absence apparente d'avantages individuels, ce qui explique le paradoxe du vote. La théorie suggère que les électeurs tirent en fait une utilité personnelle de l'influence qu'ils exercent sur le résultat des élections en faveur du candidat dont ils pensent qu'il mettra en œuvre des politiques pour le plus grand bien de l'ensemble de la population [3].

7.2. Le calcul rationnel du vote
7.2.1. La justification "égoïste" du vote

Le modèle standard de calcul de l'électeur a été formulé par Riker et Orde-shook dans leur article "A Theory of the Calculus of Voting" paru en 1968 dans The American Political Science Review[4]. L'hypothèse d'utilité de base pour le calcul du vote qu'ils ont formulée est la suivante :

$$R = (BP) - C$$

Où ?
B : est l'utilité différentielle attendue qu'un électeur reçoit personnellement de son candidat préféré
    gagner ;
P : est la probabilité que l'électeur amène B (c'est-à-dire qu'il fasse basculer l'élection en faveur de son candidat préféré).
    candidat) ;
C : est le coût pour l'individu de voter lors de l'élection ; et R est la récompense attendue de l'individu.
    de voter.

Le présent document :
    Si $R > 0$, l'utilité attendue du vote est supérieure à son coût, et il est raisonnable de
    vote.
    Si $R \leq 0$, les coûts l'emportent sur les bénéfices et un individu strictement rationnel ne serait pas...
    devraient voter.

Étant donné que P, la probabilité qu'un vote détermine le résultat, est extrêmement faible pour toute élection de grande ampleur, les bénéfices attendus du vote dans le cadre du modèle traditionnel de choix rationnel sont toujours plus ou moins égaux à zéro. Cela conduit à ce que l'on appelle le paradoxe du vote, dans lequel les modèles de choix rationnel du comportement de l'électeur prédisent des taux de participation minimes qui ne se produisent tout simplement pas. Dans toutes les démocraties, le taux de participation dépasse les prévisions des modèles de choix rationnels de base.

7.2.2. Vote expressif ou vote instrumental

Le simple égoïsme ne pouvant expliquer pourquoi un grand nombre de personnes choisissent systématiquement de voter, Riker et Orde-shook ont introduit un autre terme dans l'équation, D, pour symboliser les avantages personnels ou sociaux conférés par l'acte de vote lui-même, plutôt que par l'influence qu'il exerce sur le résultat de l'élection.

$$R = (BP) - C + D$$

Cela a permis d'établir une distinction entre le vote expressif, destiné uniquement à signaler un soutien ou à démontrer une responsabilité civique, et le vote instrumental, destiné à modifier réellement le résultat. Dans ce cas, les avantages ne proviennent pas de l'influence réelle sur l'élection, mais plutôt des avantages sociaux liés à la participation à l'élection. Le terme BP étant supposé nul, D était supposé être le seul facteur important dans la détermination des élections [5].

7.2.3. La justification "altruiste" du vote

En raison de la multitude de définitions différentes et contradictoires du vote expressif [5], les politologues et les théoriciens des choix publics ont récemment tenté d'expliquer le comportement électoral en se référant aux avantages instrumentaux reçus en influençant le résultat de l'élection. Si l'on suppose que les électeurs sont rationnels, mais qu'ils ont aussi des tendances altruistes et une certaine préférence pour les résultats qui améliorent le bien-être social des autres, ils voteront de manière fiable en faveur des politiques qu'ils perçoivent comme étant pour le bien commun, plutôt que pour leur bénéfice individuel.

Dans son article "Altruism and Turnout", James H. Fowler explique comment la théorie altruiste a modifié le calcul du vote :

- Les chercheurs intègrent l'altruisme dans le modèle traditionnel de calcul du vote en supposant qu'un citoyen se soucie également des avantages que les autres retirent du résultat préféré (Edlin, Gelman et Kaplan 2006 ; Jankowski 2002, 2004). Dans cette hypothèse, B est une fonction non seulement des bénéfices directs pour soi-même BS, mais aussi pour les N autres personnes affectées par le résultat de l'élection qui obtiendraient un bénéfice moyen BO si l'alternative préférée du citoyen l'emportait. Il dépend également de la mesure dans laquelle le citoyen se soucie des avantages pour les autres, ce que l'on appelle a pour altruisme.

- Ces hypothèses transforment le calcul du vote en $P(BS + aNBO) > C$.

Il existe aujourd'hui une abondante littérature en économie, sociologie, biologie, psychologie et sciences politiques qui prouve que les êtres humains sont également motivés par le bien-être d'autrui (Fehr et Fischbacher 2003 ; Monroe 1998 ; Piliavin et Charng 1990). Plus précisément, les gens s'engagent fréquemment dans des actes d'altruisme en choisissant de supporter des coûts afin d'apporter des avantages à d'autres personnes [3].

Essentiellement, les électeurs se comportent de manière altruiste en absorbant le coût du vote afin d'offrir à la société les avantages de la politique qu'ils préfèrent, bien que la récompense attendue du vote dans le cadre de ce modèle soit supérieure à zéro (et reste donc une décision rationnelle) en raison des préférences sociales altruistes des électeurs. Dans leur étude sur le comportement altruiste des électeurs, Edlin et al. ont constaté ce qui suit,

> Pour un individu ayant à la fois des préférences égoïstes et sociales, les préférences sociales domineront et feront qu'il sera rationnel pour une personne typique de voter même lors de grandes élections ; (2) montrer que le vote rationnel motivé par la société a un mécanisme de rétroaction qui stabilise le taux de participation à des niveaux raisonnables (par exemple, 50 % de l'électorat)....

Leurs conclusions suggèrent que, lors d'une grande élection, les préférences altruistes l'emportent sur les tendances égoïstes, encourageant ainsi une participation électorale stable qui reflète étroitement le taux observé dans les démocraties occidentales.

7.2.4. Préférences altruistes de l'électeur

Dans son ouvrage de 2007 intitulé The Myth of the Rational Voter : Why Democracies Choose Bad Policies, Bryan Caplan, économiste à l'université George Mason, affirme que, toutes choses égales par ailleurs, les électeurs ne choisissent pas les politiques en fonction de leur intérêt personnel. Les riches ne sont pas plus enclins à soutenir des politiques qui leur profitent personnellement, comme la réduction des taux marginaux, et les pauvres ne sont pas plus enclins à s'opposer à la réforme de l'aide sociale [6].

Il affirme que ce qu'il appelle "l'hypothèse de l'électeur égoïste" (Self-Interest Voter Hypothesis - SIVH), la théorie selon laquelle les préférences politiques des individus sont étroitement égoïstes, est erronée d'un point de vue empirique. En réponse aux remarques du candidat républicain américain Mitt Romney sur les "47 %" d'Américains qui voteront "toujours" démocrate parce qu'ils dépendent de l'État-providence, Caplan écrit : "Faux, faux, faux. Les 47 % ne voteront pas pour Obama "quoi qu'il arrive". Près de la moitié des électeurs qui gagnent moins que le revenu médian votent républicain lors des élections habituelles. Une personne ne soutient pas l'État-nounou parce qu'elle veut que le gouvernement s'occupe d'elle ; une personne soutient l'État-nounou parce qu'elle veut que le gouvernement s'occupe de nous [7].

Selon Caplan, les électeurs manifestent systématiquement des préférences qui ne sont pas clairement liées à leur intérêt personnel, et ils sont principalement motivés par ce qu'ils croient être le mieux pour le pays.

7.2.5. Irrationalité rationnelle

En lien avec le concept de choix public de l'ignorance rationnelle, Caplan propose le concept d'"irrationalité rationnelle" pour expliquer pourquoi l'électeur moyen a des opinions qui sont systématiquement en contradiction avec le consensus des économistes experts. Sa thèse est qu'il est psychologiquement gratifiant de se laisser aller à des préjugés cognitifs innés (dont il identifie quatre comme contribuant largement à de mauvaises positions de politique économique), alors qu'il est psychologiquement coûteux de surmonter les préjugés naturels par la formation, l'éducation et le scepticisme. Par conséquent, lorsque l'avantage personnel de céder à nos préjugés est plus important que le coût personnel de leur mise en œuvre, les individus auront tendance à se livrer rationnellement à des comportements irrationnels, comme voter pour des tarifs protectionnistes et d'autres politiques économiquement préjudiciables mais socialement populaires.

Ces opinions ne sont généralement pas liées à l'électeur particulier d'une manière rationnellement intéressée, et les électeurs ne sont donc pas soumis à des pénalités économiques directes pour avoir choisi des politiques irrationnelles. L'électeur altruiste se laissera aller, sans retenue, à des préjugés anti-travail, anti-étranger, pessimiste et anti-marché [6], tout cela dans l'espoir d'améliorer le sort de son prochain par le biais des urnes.

7.3. Critiques et modifications

- Une étude réalisée en 2008 sur les électeurs suédois au cours des années 1990 a mis en évidence des preuves significatives de l'existence d'un vote intéressé "de poche". Les auteurs ont constaté que les électeurs peuvent répondre et répondront aux promesses directes d'avantages économiques personnels, bien qu'il semble que les citoyens répondent presque entièrement aux promesses prospectives des politiciens mais pas à la mise en œuvre réelle de ces politiques [8].
- Tun-Jen Chiang, professeur de droit à George Mason, a critiqué le modèle altruiste d'Edlin, le jugeant trop simpliste et finalement naïf quant aux préférences des électeurs. Chiang présente un modèle alternatif de comportement électoral altruiste, centré sur l'altruisme sélectif des électeurs envers des groupes raciaux, culturels, religieux, régionaux, sexuels, économiques ou sociaux favorisés (dont ils peuvent ou non être membres). Il soutient que, même si les politiques de deux candidats ont des avantages sociaux identiques dans l'ensemble, les électeurs peuvent voter pour les groupes qu'ils préfèrent,

Il est rationnel de voter tant que les candidats diffèrent dans leurs effets sur le bien-être de sous-ensembles de la population et que l'on est particulièrement concerné par un sous-ensemble affecté. Par exemple, si un candidat propose de prélever des richesses sur la moitié la plus riche de la population pour les distribuer à la moitié la plus pauvre, et que cette redistribution n'a pas d'effet global, un électeur relevant du modèle de l'altruisme large n'aurait aucune raison de voter. Cependant, si un électeur se soucie particulièrement du bien-être des pauvres, il sera incité à voter pour le candidat ; de même, un électeur qui se soucie particulièrement du bien-être des riches sera incité à voter contre le candidat. Le résultat dans mon modèle est que ces deux électeurs seraient rationnellement motivés pour voter [9].

7.4. Références

[1]. Edlin, Aaron, Andrew Gelman et Noah Kaplan.
" Voting Rational Choice : Pourquoi et comment les gens votent pour améliorer le bien-être des autres".
Rationalité et société. 19.3 (2008) : 293-314. Web. 22 octobre 2012.

[2]. Jankowski, Richard.
"Acheter un billet de loterie pour aider les pauvres : altruisme, devoir civique, intérêt personnel à voter".
Rationalité et société 14.1 (2002) : 55-77. Sage Journals. Web. 20 oct. 2012.

[3]. Fowler, James H. "Altruism and Turnout". The Journal of Politics 68.3 (2006) : 673-83.
JSTOR. Web. 20 octobre 2012.

[4]. Riker, William H., et Peter Ordeshook. "A Theory of the Calculus of Voting".
The American Political Science Review 62.1 (1968) : 25-42. JSTOR. Web. 20 nov. 2012.

[5]. Hamlin , Alan, et Colin Jennings.
"Comportement politique expressif : Fondements, portée et implications". British Journal of
Science politique. 41.3 (2011) : 645-670. Web. 22 oct. 2012.

[6]. Bryan Caplan. Le mythe de l'électeur rationnel : Pourquoi les démocraties choisissent de mauvaises politiques,
Princeton University Press, 2007. Imprimer.

[7]. Caplan, Bryan. "Will False Belief in the SIVH Destroy Romney's Candidacy ?" (La fausse croyance dans le SIVH détruira-t-elle la candidature de Romney ?) EconLog.
Bibliothèque de l'économie et de la liberté, 18 septembre 2012. Web. 20 oct. 2012.

[8]. Elinder , Mikael, HenrikJordahl, et PanuPoutvaara.
"Egoïste et prospectif : Theory and Evidence of Pocketbook Voting". Institut pour la

Study of Labor Discussion Paper Series. 3763 (2008) : n. page. Web. 22 oct. 2012.

[9]. Chiang, Tun-Jen. "Unequal Altruism and the Voting Paradox" (Altruisme inégal et paradoxe du vote). Université George Mason
Série de documents de recherche sur le droit et l'économie. 12-36 (2012) : n. page. Web. 22 oct. 2012.

Chapitre (8) : L'écart entre les sexes en matière de vote

8.1. Préface

L'écart de vote entre les hommes et les femmes correspond généralement à la différence entre le pourcentage d'hommes et de femmes qui votent pour un candidat donné [1]. Il est calculé en soustrayant le pourcentage de femmes soutenant un candidat du pourcentage d'hommes soutenant le même candidat (par exemple, si 55 % des hommes soutiennent un candidat et que 44 % des femmes soutiennent le même candidat, il y a un écart de 11 points entre les hommes et les femmes). Contrairement à ce qu'affirment de nombreux médias populaires, les écarts entre les sexes ne sont pas des différences de soutien aux candidats au sein d'un même sexe, ni le total agrégé des différences entre les hommes et les femmes au sein d'un même sexe (par exemple, des hommes +10 républicains et des femmes +12 démocrates n'équivalent pas à un écart de 22 points entre les sexes) [2].

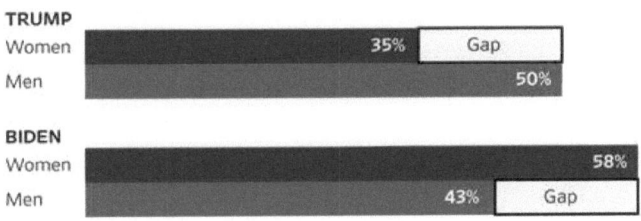

Depuis l'élection présidentielle de 1980 au moins, il existe un écart notable entre les sexes aux États-Unis. Les femmes ont tendance à favoriser les candidats démocrates tandis que les hommes ont tendance à favoriser les candidats républicains ; l'écart a varié de 11 points en 1996 et 2016 à 4 points en 1992. L'écart a été attribué à diverses causes, notamment un changement de loyauté des hommes envers le parti républicain et un soutien généralement plus important des femmes pour les positions libérales. L'effet de l'écart entre les sexes est amplifié par le fait que les femmes votent en plus grand nombre que les hommes.

8.2. L'histoire

Très peu de choses ont été écrites sur les différences entre les sexes en matière de choix de vote au cours des 60 années qui ont suivi la ratification du dix-neuvième amendement en 1920. Bien que l'amendement ait donné aux femmes le droit de voter aux élections nationales, beaucoup d'entre elles étaient encore réticentes à participer au processus électoral. Toutefois, des analyses a posteriori des données des American National Election Studies indiquent que les majorités de femmes ont soutenu des candidats différents des majorités d'hommes, au moins depuis que l'organisation a commencé à collecter des données sur les élections américaines. Jusqu'en 1960, ces préférences étaient plutôt républicaines, les femmes étant plus susceptibles de soutenir Thomas Dewey en 1948, Dwight D. Eisenhower en 1952 et 1956, et Richard M. Nixon en 1960. Toutefois, les hommes étaient plus enclins à soutenir la candidature républicaine de Barry Goldwater en 1964, ainsi que les campagnes de Nixon en 1968 et 1972. Il n'y a guère de preuves d'une différence dans le choix des votes des hommes et des femmes lors de l'élection de 1976 entre Gerald Ford et Jimmy Carter, qui a suivi le Watergate [3].

Les choses ont changé avec l'élection présidentielle de 1980, qui opposait Carter au candidat républicain Ronald Reagan. Pour la première fois, les instituts de sondage ont noté des différences entre les sexes dans les préférences des candidats avant même le jour de l'élection. Ces prédictions se sont concrétisées lorsque le décompte final des voix a révélé un écart de 8 points de pourcentage entre le soutien des femmes à Carter et à Reagan [4]. Eleanor Smeal, alors directrice de la National Organization for Women, a été la première à qualifier ces différences de "fossés entre les sexes" [3]. Dans les analyses postélectorales, Smeal et d'autres ont attribué cet écart à la réticence du parti républicain à soutenir les positions féministes. Le parti a notamment refusé de soutenir la ratification de l'amendement sur l'égalité des droits de la Constitution américaine. En outre, le programme de 1980 du parti a adopté une position anti-avortement, ce qui en fait le premier grand parti à prendre une position spécifique sur cette question de plus en plus politisée.

8.3. Lors des élections présidentielles suivantes

L'ampleur de l'écart entre les sexes lors des élections présidentielles a varié d'un minimum de 4 points de pourcentage lors de l'élection de 1992 entre George H.W. Bush, Bill Clinton et le candidat tiers Ross Perot [3] à 11 points de pourcentage lors de l'élection de 1996 entre Clinton et Bob Dole et lors de l'élection de 2016 entre Donald Trump et Hillary Clinton [4]. Les écarts entre les hommes et les femmes lors des élections présidentielles sont généralement de l'ordre de 8 points de pourcentage, bien qu'ils puissent varier en fonction des candidats, des programmes et des questions importantes de chaque élection.

Écarts entre les sexes lors des élections présidentielles, 1980-2016				
Année	Candidat	Candidat	Écart entre	Gagnant

	républicain	démocrate	les sexes[4]	
2016	Donald Trump	Hillary Clinton	11 points	Trump (R)
2012	Mitt Romney	Barack Obama	10 points	Obama (D)
2008	John McCain	Barack Obama	8 points	Obama (D)
2004	George W. Bush	John Kerry	7 points	Bush (R)
2000	George W. Bush	Al Gore	10 points	Bush (R)
1996	Bob Dole	Bill Clinton	11 points	Clinton (D)
1992	George H.W. Bush	Bill Clinton	4 points	Clinton (D)
1988	George H.W. Bush	Michael Dukakis	7 points	Bush (R)
1984	Ronald Reagan	Walter Mondale	6 points	Reagan (R)
1980	Ronald Reagan	Jimmy Carter	8 points	Reagan (R)

8.4. Concours nationaux et autres concours

L'écart entre les hommes et les femmes lors des élections au Congrès et au poste de gouverneur est apparu plus tardivement que lors des élections présidentielles, bien qu'au milieu des années 1990, son ampleur ait atteint des proportions relativement similaires, avec une moyenne d'environ 9 points de pourcentage [5]. Il a persisté au cours des dernières années d'élections de mi-mandat, atteignant 4 points de pourcentage en 2006, 6 points de pourcentage en 2010 et 10 points de pourcentage en 2014 [2].

8.4.1. Causes
8.4.1.1. Partisanat

Les premières différences dans le choix des votes ont été attribuées à la religiosité plus élevée des femmes [6], ainsi qu'à leur niveau d'éducation et de revenu plus faible et à leur taux d'affiliation syndicale. Ces caractéristiques, pensait-on, rendaient les femmes plus conservatrices que les hommes et moins susceptibles de s'identifier à la coalition démocrate du New Deal du président Franklin Roosevelt [7].

Après les élections de 1980, les chercheurs ont commencé à réévaluer les causes de l'apparente évolution de la loyauté des femmes envers le parti démocrate. Les chercheurs ont émis l'hypothèse que ces changements pouvaient résulter de l'importance croissante accordée aux questions relatives aux femmes, telles que l'amendement sur l'égalité des droits et l'avortement. Cependant, il n'y a guère de preuves que les hommes et les femmes aient des positions différentes sur ces questions. Les hommes et les femmes qui se déclarent féministes semblent toutefois adopter des positions différentes de celles de leurs homologues non féministes [8].

Après un examen plus approfondi, les chercheurs ont découvert que la réapparition et l'augmentation des écarts entre les sexes dans le choix des votes et l'identification à un parti aux États-Unis n'étaient pas le résultat d'une plus grande libéralisation des femmes et d'un plus grand soutien au parti démocrate, mais plutôt d'un mouvement progressif des hommes vers le parti républicain. Ce changement de loyauté envers les partis a commencé dans les années 1960, lorsque le parti démocrate, sous la direction de Lyndon Johnson, a commencé à prendre des positions de plus en plus affirmées sur les questions relatives aux droits civiques. Il s'est accentué à la fin des années 1980 et au début des années 1990, lorsque les hommes blancs du Sud, qui s'identifiaient auparavant aux démocrates du Sud, se sont tournés vers le parti républicain [9]. Les hommes sont plus susceptibles que les femmes de s'identifier comme indépendants, tandis que les femmes sont plus susceptibles de s'identifier comme des partisans faibles [10].

8.4.1.2. Positions d'émission

Certains chercheurs affirment que les principales différences entre les hommes et les femmes en matière de partisanerie et de choix de vote sont largement imputables à leurs positions différentes sur les questions politiques [11]. En particulier, les chercheurs ont constaté que les femmes sont plus susceptibles de soutenir un gouvernement national plus important, un contrôle accru des armes à feu, la légalisation du mariage homosexuel et des positions pro-choix sur l'avortement [12]. Les femmes ont également tendance à exprimer des niveaux de soutien plus élevés sur les questions de compassion telles que la politique sociale et la politique de santé, des positions qui, selon les chercheurs, pourraient être une extension de la plus grande propension des femmes à ressentir et à exprimer de l'empathie [7].

Toutefois, sur certaines questions politiques, telles que la prière à l'école et la consommation de drogues, les femmes ont tendance à être plus conservatrices que leurs homologues masculins [7]. Dans d'autres domaines encore, il n'existe aucune preuve convaincante d'un écart significatif entre les hommes et les femmes [7].

8.4.1.3. Conséquences

L'importance de l'écart entre les hommes et les femmes dans la politique américaine est amplifiée par le fait que les femmes votent généralement plus que les hommes [13]. Les spécialistes affirment que cela est dû à un sens du devoir civique plus important chez les femmes que chez les hommes [14]. En outre, en raison de leur espérance de vie plus longue, les femmes représentent également un pourcentage plus élevé d'électeurs inscrits que les hommes. Ainsi, les effets d'un écart, même minime, entre les hommes et les femmes dans le choix de leur vote peuvent être amplifiés, en particulier lors d'élections serrées [15].

Cependant, les femmes continuent d'avoir un niveau de connaissance, d'intérêt et d'engagement politique plus faible [6]. Elles sont également moins susceptibles de se présenter aux élections [16] et sont sous-représentées dans les fonctions politiques électives aux niveaux local, étatique et national, ce qui suscite des inquiétudes quant à la manière dont un manque de représentation proportionnelle peut limiter l'influence des femmes sur la politique aux États-Unis [17].

8.5. Références

[1]. Centre pour les femmes américaines et la politique, Université Rutgers, The Gender Gap, Voting
   Les choix lors des élections présidentielles
[2]. "The Gender Gap in Voting : Remettre les pendules à l'heure". CAWP. 2018-07-03.
   Consulté le 2018-09-07.
[3]. Whitaker, Lois Duke (2008). "Introduction". Dans Whitaker, Lois Duke (ed.).
   Voter l'écart entre les sexes. Champaign : University of Illinois Press.
[4]. "The Gender Gap" (PDF). www.cawp.org. 2017. Consulté le 5 septembre 2018.
[5]. Clark, Cal ; Clark, Janet M. (2006). "La réapparition de l'écart entre les sexes en 2004".
   Dans Whitaker, Lois Duke (éd.). Voting the Gender Gap. Champaign : Université de l'Illinois
   Presse.
[6]. Burns, Nancy ; Schlozman, Kay Lehman ; Brady, Henry (2001). Les racines privées de la
   Public Action. Cambridge, MA : Harvard University Press.
[7]. Norrander, Barbara (2008). "L'histoire des écarts entre les sexes". Dans Whitaker, Lois Duke
   (ed.). Voting the Gender Gap. Champaign : University of Illinois Press.

[8]. Wilcox, Clyde ; Cook, Elizabeth Adell (1991).
"Feminism and the Gender Gap--A Second Look" (Féminisme et écart entre les sexes - un second regard). Journal of Politics. 53 (4) : 1111-1122. doi:10.2307/2131869. JSTOR 2131869. S2CID 153442829.

[9]. Kaufmann, Karen ; Petrocik, John R. (1999). "The Changing Politics of American Men :
Comprendre les sources de l'écart entre les sexes". American Journal of Political
Science. 43 (3) : 864-887. doi:10.2307/2991838. JSTOR 2991838.

[10]. Norrander, Barbara (1997). "The Independence Gap and the Gender Gap". Opinion publique
Trimestriel. 61 (3) : 464-476. doi:10.1086/297809.

[11]. Abramowitz, Alan I. (2010). The Disappearing Center. New Haven : Université de Yale
Press. ISBN 9780300162882.

[12]. "The Gender Gap : Attitudes on Public Policy Issues" (PDF). www.cawp.org. 2012.

[13]. "Différences entre les sexes dans la participation électorale" (PDF). www.cawp.org. 2017.
Consulté le 5 septembre 2018.

[14]. Campbell, David (2006). Why We Vote : How Schools and Communities Shape Our Civic
La vie. Princeton, NJ : Princeton University Press.

[15]. Burrell, Barbara (2005). "Genre, élections présidentielles et politiques publiques : Making
Les votes des femmes sont importants". Journal of Women, Politics & Policy. 27 (1-2) : 31-50.
doi:10.1300/J501v27n01_03. S2CID 144629946.

[16]. Lawless, Jennifer L. ; Fox, Richard L. (2010). It Still Takes a Candidate : Why Women
Ne vous présentez pas aux élections. New York : Cambridge University Press.

[17]. "Les femmes dans les fonctions électives 2018". CAWP. 2015-06-12. Consulté le 2018-09-05.

Chapitre (9) : Le système des membres supplémentaires (AMS)

9.1. Préface

Le système de députés supplémentaires (AMS) est un système électoral mixte dans lequel la plupart des représentants sont élus dans des circonscriptions uninominales (SMD) et les autres "députés supplémentaires" sont élus pour rendre la répartition des sièges dans la chambre plus proportionnelle à la manière dont les votes sont exprimés pour les listes de partis [1-3]. Ce système se distingue du vote parallèle (également connu sous le nom de système des membres supplémentaires) par le fait que les sièges des "membres supplémentaires" sont attribués aux partis en tenant compte des sièges remportés dans les circonscriptions uninominales (compensation ou "complément"), ce qui n'est pas le cas dans le cadre du vote parallèle (méthode non compensatoire).

La MGS est classée dans les systèmes électoraux semi-proportionnels, à la différence de la représentation proportionnelle mixte (RPM). Dans la pratique, le fonctionnement des systèmes proportionnels complémentaires dépend du nombre de sièges supplémentaires ("complémentaires") et des suffrages exprimés lors d'une élection donnée. Cet article se concentre principalement sur les systèmes semi-proportionnels de la MGS, comme ceux utilisés au Royaume-Uni. Le Parlement écossais, le Parlement gallois et l'Assemblée de Londres utilisent la MGS. En Écosse et au Pays de Galles, les membres de la liste (sièges "complémentaires") sont élus par région ; à Londres, il y a une mise en commun unique des votes de la liste à l'échelle de la ville.

**Le Senedd (Parlement gallois) est l'un des organes législatifs.
qui utilisent le système des membres supplémentaires.**

9.2. Fonctionnement de l'AMS

Lors d'une élection utilisant le système des députés supplémentaires, chaque électeur vote généralement deux fois : pour un candidat se présentant dans sa circonscription locale (avec ou sans parti affilié) et pour la liste d'un parti se présentant dans une région plus large composée de plusieurs circonscriptions (ou d'une circonscription unique à l'échelle nationale).

Les électeurs ne sont pas obligés de voter pour le même parti lors des votes dans les circonscriptions et les régions. Si un électeur vote pour des partis différents au niveau de la circonscription et au niveau régional, on parle de "split-ticket voting". Lors du vote régional, l'électeur vote pour un parti spécifique, mais n'a aucun contrôle sur les candidats de ce parti qui sont élus. En revanche, lors du vote dans la circonscription, l'électeur vote pour un candidat spécifique plutôt que pour un parti.

La principale variation était la loi électorale italienne de 1993 pour le Sénat, qui a été abolie en 2005. Dans ce cas, les électeurs ne pouvaient exprimer qu'un seul vote, tandis que les listes régionales des partis étaient automatiquement créées avec les perdants des courses au SMUT. Ce système peut être qualifié de vote unique mixte.

9.3. Calcul des votes

Le premier vote sert à élire un député dans sa circonscription selon le système uninominal majoritaire à un tour (c'est-à-dire que dans la circonscription, le candidat ayant obtenu le plus grand nombre de voix occupe le siège).

Le second vote sert à déterminer le nombre de sièges supplémentaires qu'un parti peut obtenir. Les partis reçoivent des sièges supplémentaires correspondant aux pourcentages de voix qu'ils ont obtenus, ce qui rend le corps législatif plus représentatif des préférences des électeurs.

Dans le modèle de MGS utilisé au Royaume-Uni, les sièges régionaux sont répartis selon la méthode D'Hondt. Cependant, le nombre de sièges déjà gagnés dans les circonscriptions locales est pris en compte dans les calculs pour les sièges de liste, et la première moyenne prise en compte pour chaque parti suit le nombre de sièges FPTP gagnés. Par exemple, si un parti a remporté 5 sièges dans les circonscriptions, le premier diviseur de D'Hondt pris en compte pour ce parti sera 6 (5 sièges + 1), et non 1. En Corée du Sud, qui utilise la méthode du plus grand reste, les sièges de circonscription sont pris en compte en soustrayant le nombre de votes de liste obtenus par un parti du nombre de sièges FPTP qu'il a remportés, le résultat étant ensuite divisé par 2 [4].

9.4. Exemple d'application

Dans une assemblée de 100 sièges, 70 membres sont élus dans des circonscriptions uninominales. Comme le système favorise généralement le parti le plus important et les partis/candidats qui sont forts dans une région particulière, le résultat total des élections au scrutin majoritaire à un tour peut être très disproportionné. Dans cet exemple, le parti ayant obtenu la majorité des voix (parti A) a remporté la majorité des sièges (54), tandis que le deuxième parti (B) n'a remporté que 11 circonscriptions. L'un des deux plus petits partis (parti C) n'a remporté aucune circonscription, bien qu'il ait obtenu 13 % des voix au niveau national, mais un plus petit parti (régional) qui n'a obtenu que 3 % des voix au niveau national a fait élire 5 de ses candidats, car ses électeurs étaient concentrés dans ces circonscriptions.

Vote populaire (%)	Sièges de la circonscription	Sièges supplémentaires	Nombre total de sièges	Sièges de la circonscription
43%	54	?	?	
41%	11	?	?	
13%	0	?	?	
3%	5	?	?	
100%	70	30	100	

Dans l'exemple, les sièges supplémentaires sont attribués au niveau national. Les partis A et D étant déjà surreprésentés, ils n'ont pas droit à des sièges supplémentaires. Les partis B et C reçoivent des sièges supplémentaires, mais comme il n'y en a que 30, cela ne suffit pas à rendre les résultats proportionnels.

Sièges de la circonscription	Sièges supplémentaires	Nombre total de sièges	Sièges en porte-à-faux	Sièges déficit	Sièges supplémentaires	Nombre total de sièges
43%	54	0	54	+11		
41%	11	23	34	7		
13%	0	7	7	6		
3%	5	0	5	+2		
100%	70	30	100	13		

9.5. Comparaison avec des systèmes similaires

Si les 30 sièges supplémentaires de l'exemple étaient attribués indépendamment par liste-PR, le système serait appelé vote parallèle ou système de vote supplémentaire. Il s'agirait d'un système majoritaire mixte, dans lequel même le parti A recevrait des sièges supplémentaires, alors qu'il est surreprésenté même s'il n'en obtient aucun.

Les systèmes proportionnels mixtes, comme ceux utilisés pour l'élection des parlements nationaux d'Allemagne et de Nouvelle-Zélande, compensent également les sièges en surnombre en ajoutant des sièges à l'assemblée si nécessaire. Dans la mise en œuvre la plus basique, comme celle utilisée en Nouvelle-Zélande (et jusqu'en 2013, également en Allemagne), seuls les partis en déficit de sièges se voient attribuer des sièges supplémentaires, et uniquement pour compenser leur déficit, ce qui ne constitue pas une correction parfaite de la disproportionnalité. Une mise en œuvre avec des sièges de nivellement, comme celle utilisée en Allemagne depuis 2013, ajoute encore plus de sièges supplémentaires (appelés sièges de nivellement) à l'assemblée pour garantir une proportionnalité totale.

Dans cet exemple, la taille de l'assemblée est augmentée de 13 pour compenser les déficits en sièges des partis B et C dans le cadre de la mise en œuvre de base, et de 65 (ce qui permet aux partis A, B et C d'obtenir plus de sièges) dans le cadre de la mise en œuvre de l'égalisation des sièges.

Le système des membres supplémentaires permet parfois d'obtenir une représentation proportionnelle (lorsqu'il n'y a pas de sièges en surnombre qui devraient être compensés), auquel cas il est identique au scrutin majoritaire plurinominal, si les résultats des élections au scrutin majoritaire à un tour étaient totalement proportionnels (ce qui n'est presque jamais le cas dans la réalité). En cas d'utilisation de listes-leurres et de vote tactique (voir ci-dessous), les résultats de l'AMS seraient les mêmes que ceux du vote parallèle.

Dans tous les autres cas, l'AMS est plus proportionnelle que le vote parallèle, mais moins proportionnelle que le MMP.

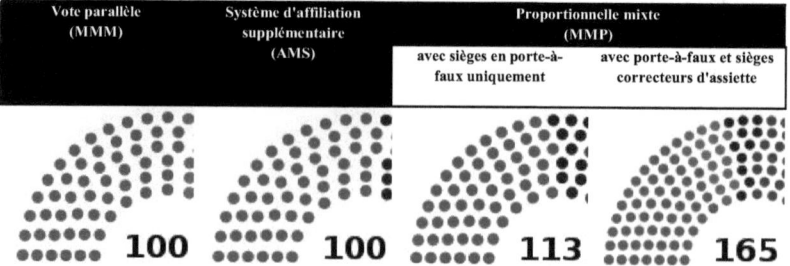

Sièges	Part (%)	Sièges	Part (%)	Sièges	Part (%)	Sièges	Part (%)
67 (54+13)	67%	54 (54+0)	54%	54 (54+0+0)	48%	71 (54+0+17)	43%
24 (11+13)	24%	34 (11+23)	34%	41 (11+23+7)	36%	68 (11+23+34)	41%
3 (0+3)	3%	7 (0+7)	7%	13 (0+7+6)	12%	21 (0+7+14)	13%
5 (5+0)	5%	5 (5+0)	5%	5 (5+0+0)	4%	5 (5+0+0)	3%
70+30	100%	70+30	100%	70+30+13	100%	70+30+65	100%

9.6. Seuil

Comme dans de nombreux systèmes contenant ou basés sur la représentation par liste de parti, pour pouvoir prétendre à des sièges de liste dans certains modèles AMS, un parti doit obtenir au moins un certain pourcentage du total des voix du parti, faute de quoi aucun candidat ne sera élu sur la liste du parti. Les candidats ayant remporté une circonscription auront toujours gagné leur siège. Dans presque toutes les élections au Royaume-Uni, il n'y a pas de seuils, à l'exception du "seuil effectif" inhérent à la structure régionale. Toutefois, les élections à l'Assemblée de Londres ont un seuil de 5 %, ce qui a parfois privé de sièges l'Alliance chrétienne des peuples (lors des élections de 2000), le British National Party, Respect - The Unity Coalition (tous deux lors des élections de 2004) et le Women's Equality Party (lors des élections de 2016).

9.7. Définitions et variantes de la MGS
9.7.1. AMS vs. MMP

La MGS a également été utilisée à tort comme un autre terme pour désigner la représentation proportionnelle mixte (RPM) [5], mais (comme le terme de système à membres supplémentaires est utilisé ici) la MGS, contrairement à certains systèmes de RPM, ne compense pas les résultats disproportionnés causés par un parti en tête qui obtient tellement de sièges dans les districts que le nombre fixe de sièges complémentaires ne peut pas compenser. C'est le cas lorsque le parti en tête obtient des sièges en surnombre et que le corps législatif compte un nombre fixe de sièges. Dans certains systèmes de scrutin majoritaire à un tour, les sièges de compensation (membres supplémentaires) sont pourvus de manière à garantir aux partis une représentation proportionnelle.

En raison du problème posé par l'élection d'un trop grand nombre de députés pour les principaux partis dans les circonscriptions (surnombre), les systèmes AMS examinés ici, au lieu de produire des résultats entièrement proportionnels, ne produisent souvent qu'une représentation semi-proportionnelle. Cependant, même la représentation semi-proportionnelle est considérée par certains comme un grand progrès par rapport à un système électoral qui n'utilise que le système de vote uninominal à un tour, où le nombre de sièges obtenus par un parti ne reflète que vaguement le nombre de voix qu'il a reçues.

Le terme de système de membres supplémentaires, tel qu'introduit par la Hansard Society, a été confondu dans la littérature avec le terme de représentation proportionnelle mixte (au sens large) inventé par la Commission royale néo-zélandaise sur le système électoral (1984-1986) [6].

Les moyens de rendre les élections britanniques utilisant la MGS plus proportionnelles sont examinés ci-dessous. Les moyens permettant aux électeurs de voter pour des candidats individuels et pas seulement pour des partis sont également examinés. Les systèmes MMP utilisés en Bavière et ailleurs en Allemagne sont examinés ci-dessous par exemple.

9.7.2. Variantes de la MGS

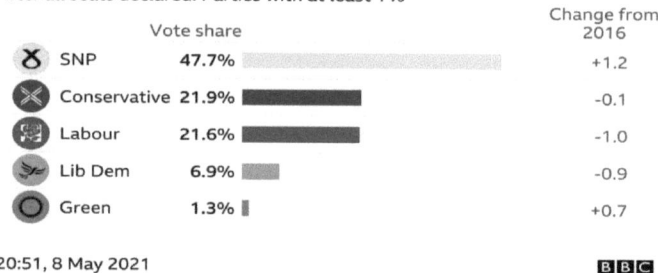

Les élections écossaises sont divisées en deux niveaux.

La commission Arbuthnott a recommandé à l'Écosse de passer à un modèle où l'électeur peut également voter pour un candidat régional spécifique (appelé liste ouverte), mais cela n'a pas été mis en œuvre. Un système similaire est utilisé en Bavière, où le deuxième vote n'est pas simplement pour le parti mais pour l'un des candidats de la liste régionale du parti et où les deux votes comptent pour le parti et les candidats, de sorte que chaque vote compte deux fois (la Bavière utilise sept régions à cette fin). Dans le Bade-Wurtemberg, il n'y a pas de listes ; on utilise la méthode du "meilleur proche" (Zweitmandat) dans un modèle à quatre régions, où les membres régionaux sont les candidats locaux du parti sous-représenté dans cette région qui ont obtenu le plus de voix dans leur circonscription locale sans y être élus, mais ce modèle n'a pas été copié au Royaume-Uni.

Pour obtenir des résultats plus proportionnels sans augmenter le nombre de sièges de la chambre, les réformes pourraient inclure une modification du mode d'élection des membres des districts. Si l'on utilise le STV ou le SNTV, les élections de district seront probablement plus proportionnelles que si les sièges de district sont pourvus par un scrutin majoritaire à un tour, et les sièges supplémentaires disponibles pourraient donc être utilisés pour produire une composition plus proportionnelle de l'ensemble de la chambre.

9.8. Vote tactique
9.8.1. Listes de leurres

Les "listes leurres" sont une astuce pour désamorcer les mécanismes de compensation contenus dans la partie proportionnelle de la MGS, afin d'établir de facto un système de vote parallèle.

Par exemple, lors des élections générales italiennes de 2001, où un système à bien des égards similaire à l'AMS a été utilisé, l'une des deux principales coalitions (la coalition de la Maison des libertés, qui s'opposait au système scorporo) a associé un grand nombre de ses candidats de circonscription à une liste de leurre (listecivetta) dans les parties proportionnelles, sous le nom d'Abolizione-Scorporo. L'autre coalition, l'Olivier, s'est sentie obligée de faire de même, sous le nom de Paese Nuovo. Les sièges de circonscription remportés par chaque coalition ne réduiront pas le nombre de sièges proportionnels qu'elles obtiennent. À elles deux, les listes de leurres ont remporté 360 des 475 sièges de circonscription, soit plus de la moitié des 630 sièges disponibles, bien qu'elles n'aient obtenu ensemble que moins de 0,2 % de la part proportionnelle nationale du vote. Dans le cas de Forza Italia (qui fait partie de la Maison des libertés), la tactique a été si efficace qu'elle n'a pas eu assez de candidats dans la partie proportionnelle pour obtenir autant de sièges qu'elle en a en fait gagnés, manquant ainsi 12 sièges.

Bien qu'il s'agisse d'une possibilité théorique, les listes leurres ne sont pas utilisées en Écosse, au Pays de Galles ou dans la plupart des autres pays utilisant le système AMS, où la plupart des électeurs votent pour des candidats issus de partis dont les noms sont connus de longue date. Lors des élections écossaises de 2007, le parti travailliste avait envisagé de ne pas présenter de candidats de liste dans les régions de Glasgow, de l'ouest de l'Écosse et du centre de l'Écosse,[citation nécessaire] car la force de leur circonscription lors des deux élections précédentes n'avait pas permis d'obtenir de députés de liste ; à la place, ils ont proposé de soutenir une liste composée de candidats du parti coopératif. Auparavant, le parti coopératif avait choisi de ne pas présenter ses propres candidats, mais de se contenter de soutenir certains candidats travaillistes. Cependant, la Commission électorale a décidé que l'adhésion au parti coopératif dépendait de l'adhésion au parti travailliste et qu'ils ne pouvaient pas être considérés comme des entités juridiques distinctes.

En revanche, lors des élections à l'Assemblée galloise de 2007, Forward Wales a demandé à ses candidats (y compris le chef de file John Marek) de se présenter en tant qu'indépendants pour tenter d'obtenir des sièges de liste auxquels ils n'auraient pas eu droit si les candidats de Forward Wales avaient été élus dans les circonscriptions de la région concernée. La ruse a toutefois échoué : Marek a perdu son siège à Wrexham et Forward Wales ne s'est qualifié pour aucun siège complémentaire.

Pour les élections législatives sud-coréennes de 2020, le système électoral a été modifié et une utilisation partielle de l'AMS a été mise en œuvre. En réponse, deux partis satellites se sont présentés uniquement dans la partie proportionnelle, le Future Korea Party (contrôlé par le United Future Party) et le Platform Party (contrôlé par le Democratic Party of Korea). Tous deux ont fusionné avec le parti principal après l'élection.

Lors de l'élection du Parlement écossais de 2021, l'ancien dirigeant du SNP, Alex Salmond, a annoncé qu'il dirigeait le nouveau parti Alba, dont l'objectif déclaré est de gagner des sièges de liste pour les candidats indépendantistes. Lors du lancement public du parti, M. Salmond a cité des sondages suggérant que le SNP obtiendrait un million de voix lors des prochaines élections, mais ne remporterait aucun siège régional. Il a déclaré que la présence de candidats de l'Alba sur les listes régionales mettrait fin aux "votes gaspillés" et que le nombre de députés soutenant l'indépendance pourrait atteindre 90 ou plus [7].

9.9. Utilisation

L'AMS est utilisé dans :

- Élections unicamérales nation/ville au Royaume-Uni :
- Écosse : le Parlement écossais
    - Walesthe Senedd (Parlement gallois), anciennement Assemblée nationale du Pays de Galles
    - Londres : l'Assemblée de Londres
- Élections générales bicamérales en Bolivie :
    - la Chambre des députés (Chambre basse).
- Élections générales monocamérales en Corée du Sud (pour certains sièges en plus du vote parallèle) :
    - l'Assemblée nationale, même si les listes leurres la transforment en grande partie en un système de vote parallèle de facto

Il a été utilisé de 1953 à 2011 en Allemagne :

- au Bundestag, s'il y a plus de sièges en surnombre que de sièges à la proportionnelle, ceux-ci sont ajoutés à la taille légale du parlement

En 1976, la Hansard Society a recommandé l'utilisation d'un système électoral mixte différent du système allemand pour les élections législatives britanniques, mais au lieu d'utiliser des listes de partis fermées, elle a proposé que les sièges soient pourvus sur la base du "meilleur second" utilisé dans l'État allemand du Bade-Wurtemberg, où les sièges compensatoires sont pourvus par les candidats battus du parti qui ont été les "meilleurs quasi-gagnants" dans chacune des quatre régions de l'État [8]. C'est le mode d'attribution des sièges compensatoires qui est à l'origine du système des membres supplémentaires, terme que le rapport a également inventé et qui a ensuite été appliqué avec le "mixed system", beaucoup plus ancien, par les auteurs anglophones spécialisés dans les systèmes de vote au système de l'Allemagne de l'Ouest et à des modèles similaires, jusqu'à ce que le système proportionnel mixte (MMP) soit inventé pour l'adoption du système allemand proposé pour la Nouvelle-Zélande dans le rapport d'une commission royale en 1986, ce qui expliquerait pourquoi AMS et MMP ont été utilisés comme synonymes. Le système proposé par la Hansard Society a finalement été adopté, mais avec des listes fermées au lieu de la disposition "best runner-up" (populairement connue en Grande-Bretagne sous le nom de "best losers") pour les élections au Parlement écossais, au Senedd et à l'Assemblée de Londres, mais pas pour le système proposé pour les élections à la Chambre des communes.

Ce système a été proposé par la Commission indépendante en 1999, sous le nom de Alternative vote top-up (AV+). Il aurait impliqué l'utilisation du vote alternatif pour l'élection des membres des circonscriptions uninominales et des listes régionales ouvertes des partis. Cependant, contrairement aux promesses antérieures du manifeste du parti travailliste, aucun référendum n'a été organisé avant les élections générales de 2001 et la déclaration n'a pas été réitérée.

Le système AMS utilisé par l'Assemblée de Londres aurait dû être utilisé pour les autres assemblées régionales proposées en Angleterre, mais après l'écrasante victoire du non au référendum de 2004 sur la décentralisation dans le nord-est de l'Angleterre, le gouvernement a aboli toutes les assemblées régionales en 2008-2010.

9.10. Références

[1]. "Système du membre additionnel : Politique". Encyclopædia Britannica. Consulté le 24
    mars 2016.
[2]. "Elections au Pays de Galles". Université de Cardiff. Archivé de l'original le 30 mars 2016.
    Consulté le 25 mars 2016.
[3]. "Réforme électorale et systèmes de vote". Politics.co.uk. Archivé de l'original le 8

Avril 2020. Consulté le 25 mars 2016.

[4]. "Comment fonctionne le nouveau système électoral de la Corée du Sud ? Institut économique coréen de

Amérique. 15 avril 2020. Consulté le 20 novembre 2021.

[5]. " Système proportionnel mixte (SPM) " (PDF). Archivé le 20 octobre 2017. Consulté le 25 mars 2016.

[6]. Lundberg, Thomas Carl (2007).

" Les examens des systèmes électoraux en Nouvelle-Zélande, en Grande-Bretagne et au Canada : Une comparaison critique".

Gouvernement et opposition. 42 (4) : 471-490.

[7]. "Alex Salmond dirigera le nouveau parti Alba lors de l'élection du Parlement écossais". The National.

26 mars 2021. Consulté le 26 mars 2021.

[8]. Report of the Hansard Society Commission on Electoral Reform Archived 31 October

2015 at the Way-back Machine, Société Hansard, 1976

[9]. Catherine Bromley ; John Curtice ; David Mc-Crone ; Alison Park (4 juillet 2006).

Has Devolution Delivered ? Edinburgh University Press. p. 126. ISBN 0748627014.

[10]. "Le Parlement en profondeur : Electoral System : Système électoral du Parlement écossais".

Parlement écossais. Archivé de l'original le 29 novembre 2014. Récupéré le 23

novembre 2014.

[11]. "Élections écossaises : SNP majority for second term". BBC News. 7 mai 2011. Consulté le 5

Avril 2017.

Chapitre (10) : Machines à voter électroniques

10.1. Préface

Le vote électronique (également connu sous le nom de e-voting) est un vote qui utilise des moyens électroniques pour aider ou prendre en charge le dépôt et le dépouillement des bulletins de vote.

En fonction de la mise en œuvre particulière, le vote électronique peut utiliser des machines à voter électroniques autonomes (également appelées EVM) ou des ordinateurs connectés à l'internet (vote en ligne). Il peut englober une gamme de services Internet, allant de la simple transmission de résultats tabulés au vote en ligne complet par l'intermédiaire d'appareils domestiques courants pouvant être connectés. Le degré d'automatisation peut se limiter au marquage d'un bulletin de vote papier, ou peut être un système complet de saisie et d'enregistrement des votes, de cryptage des données et de transmission à des serveurs, ainsi que de consolidation et de tabulation des résultats des élections.

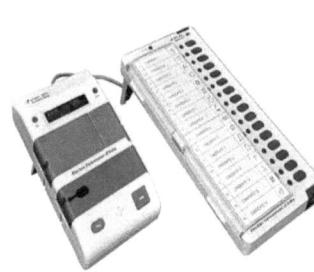
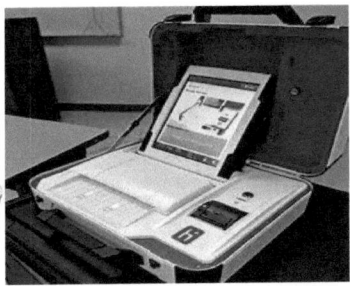

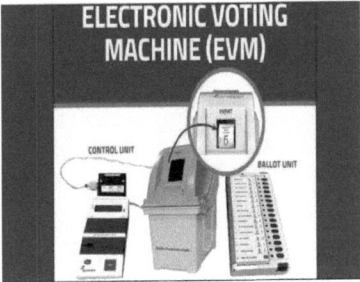

Un système de vote électronique digne de ce nom doit accomplir la plupart de ces tâches tout en se conformant à un ensemble de normes établies par les organismes de réglementation. Il doit également être capable de répondre à des exigences élevées en matière de sécurité, d'exactitude, d'intégrité, de rapidité, de respect de la vie privée et d'auditabilité,
l'accessibilité, la rentabilité, l'extensibilité et la durabilité écologique.

La technologie du vote électronique peut inclure les cartes perforées, les systèmes de vote par balayage optique et les kiosques de vote spécialisés (y compris les systèmes autonomes de vote électronique à enregistrement direct, ou DRE). Il peut également s'agir de la transmission de bulletins de vote et de votes par téléphone, par des réseaux informatiques privés ou par l'internet.

En général, on peut distinguer deux grands types de vote électronique :

- le vote électronique qui est physiquement supervisé par des représentants des autorités électorales gouvernementales ou indépendantes (par exemple, les machines à voter électroniques situées dans les bureaux de vote) ;
- le vote électronique à distance via Internet (également appelé i-voting), où l'électeur soumet son vote par voie électronique aux autorités électorales, où qu'il se trouve [1-5].

Les systèmes de vote électronique sont utilisés partout dans de nombreux pays du monde, notamment en Argentine, en Australie, au Bangladesh, en Belgique, au Brésil, au Canada, en France, en Allemagne, en Inde, en Italie, au Japon, au Kazakhstan, en Corée du Sud, en Malaisie, aux Pays-Bas, en Norvège, au Pakistan et aux Philippines,
Espagne, Suisse, Thaïlande, Royaume-Uni et États-Unis.

10.2. Les avantages

La technologie du vote électronique a pour but d'accélérer le dépouillement des bulletins de vote, de réduire les coûts liés à la rémunération du personnel chargé du dépouillement manuel et d'améliorer l'accessibilité pour les électeurs handicapés. À long terme, les dépenses devraient également diminuer [6]. Les résultats peuvent être communiqués et publiés plus rapidement [7]. Les électeurs gagnent du temps et de l'argent en pouvant voter indépendamment de l'endroit où ils se trouvent. Cela peut augmenter la participation globale des électeurs. Les groupes de citoyens qui bénéficient le plus des élections électroniques sont ceux qui vivent à l'étranger, les citoyens qui vivent dans des zones rurales éloignées des bureaux de vote et les personnes à mobilité réduite [8].

10.3. Préoccupations

Pour plus d'informations : Dépouillement des votes § Erreurs dans les scans optiques, et Dépouillement des votes § Erreurs dans le vote électronique à enregistrement direct

Il a été démontré qu'à mesure que les systèmes de vote deviennent plus complexes et incluent des logiciels, différentes méthodes de fraude électorale deviennent possibles. D'autres contestent également l'utilisation du vote électronique d'un point de vue théorique, arguant que les êtres humains ne sont pas équipés pour vérifier les opérations effectuées au sein d'une machine électronique et que, puisque les êtres humains ne peuvent pas vérifier ces opérations, celles-ci ne sont pas dignes de confiance. En outre, certains experts en informatique ont défendu la notion plus large selon laquelle les gens ne peuvent pas faire confiance à un programme dont ils ne sont pas les auteurs [9].

L'utilisation du vote électronique lors des élections reste une question controversée. Certains pays comme les Pays-Bas et l'Allemagne ont cessé de l'utiliser après qu'il ait été démontré qu'il n'était pas fiable, alors que la commission électorale indienne le recommande. L'implication de nombreuses parties prenantes, dont les entreprises qui fabriquent ces machines et les partis politiques qui ont tout à gagner d'une fraude, complique encore la situation [10].

Les détracteurs du vote électronique, dont l'analyste en sécurité Bruce Schneier, notent que "les experts en sécurité informatique sont unanimes sur ce qu'il faut faire (certains experts en vote ne sont pas d'accord, mais ce sont les experts en sécurité informatique qu'il faut écouter ; les problèmes ici sont liés à l'ordinateur, et non au fait que l'ordinateur est utilisé dans une application de vote)...". Les machines DRE doivent disposer d'une piste d'audit papier vérifiable par l'électeur... Les logiciels utilisés sur les machines DRE doivent pouvoir être examinés par le public" [11] afin de garantir l'exactitude du système de vote. Les bulletins de vote vérifiables sont nécessaires parce que les ordinateurs peuvent fonctionner et fonctionnent mal, et parce que les machines à voter peuvent être compromises.

De nombreuses insécurités ont été découvertes dans les machines à voter commerciales, telles que l'utilisation d'un mot de passe d'administration par défaut [12, 13]. Des cas ont également été signalés de machines commettant des erreurs imprévisibles et incohérentes. Les principaux enjeux du vote électronique sont donc l'ouverture d'un système à l'examen public d'experts extérieurs, la création d'un registre papier authentifiable des votes exprimés et une chaîne de conservation des registres [14, 15]. En outre, il existe un risque que les résultats des machines à voter commerciales soient modifiés par l'entreprise qui fournit la machine. Il n'y a aucune garantie que les résultats soient collectés et rapportés avec exactitude.

D'aucuns, notamment aux États-Unis, ont affirmé que le vote électronique, en particulier le vote DRE, pourrait faciliter la fraude électorale et ne pas être entièrement contrôlable. En outre, le vote électronique a été critiqué comme étant inutile et coûteux à mettre en place. Alors que des pays comme l'Inde continuent d'utiliser le vote électronique, plusieurs pays ont annulé les systèmes de vote électronique ou ont décidé de ne pas les déployer à grande échelle, notamment les Pays-Bas, l'Irlande, l'Allemagne et le Royaume-Uni, en raison des problèmes de fiabilité des EVM [16, 17].

En outre, les personnes qui n'ont pas accès à l'internet et/ou qui n'ont pas les compétences nécessaires pour l'utiliser sont exclues du service. Ce que l'on appelle la "fracture numérique" décrit l'écart entre ceux qui ont accès à l'internet et ceux qui n'y ont pas accès. Ce fossé varie selon les pays, voire les régions d'un même pays. Cette préoccupation devrait devenir moins importante à l'avenir, car le nombre d'utilisateurs de l'internet tend à augmenter [18].

Le principal problème psychologique est la confiance. Les électeurs craignent que leur vote ne soit modifié par un virus sur leur PC ou lors de la transmission aux serveurs gouvernementaux [19].

Les dépenses liées à l'installation d'un système de vote électronique sont élevées. Pour certains gouvernements, elles peuvent être trop élevées et les inciter à ne pas investir. Cet aspect est d'autant plus important qu'il n'est pas certain que le vote électronique soit une solution à long terme.

10.4. Échecs des votes en Nouvelle-Galles du Sud en 2021

Lors des élections locales de 2021 en Nouvelle-Galles du Sud, le système de vote en ligne "iVote" a connu des problèmes techniques qui ont entraîné des difficultés d'accès pour certains électeurs. L'analyse de ces défaillances a montré qu'il y avait de fortes chances que les pannes aient eu un impact sur les résultats électoraux pour les positions finales. Dans la circonscription de Kempsey, où la marge entre le dernier candidat élu et le premier candidat non élu n'était que de 69 voix, la commission électorale a déterminé que la panne avait 60 % de chances que le mauvais candidat final soit élu. Singleton avait 40 % de chances d'avoir élu le mauvais conseiller, Shell-harbour avait 7 % de chances et deux autres circonscriptions avaient moins de 1 % de chances d'avoir élu le mauvais candidat. La Cour suprême de la Nouvelle-Galles du Sud a ordonné que les élections à Kempsey, Singleton et Shell-harbour W+ard A soient réorganisées. Lors du nouveau scrutin de 2022 à Kempsey, le candidat non élu le mieux placé en 2021, Dean Saul, a été l'un des premiers conseillers élus [20]. Cet échec a conduit le gouvernement de la Nouvelle-Galles du Sud à suspendre l'utilisation du système iVote pour les élections de 2023 dans l'État de Nouvelle-Galles du Sud.

10.5. Types de systèmes
10.5.1. Machines à voter électroniques

Les systèmes de vote électronique pour les électeurs sont utilisés depuis les années 1960, lorsque les systèmes de cartes perforées ont fait leur apparition. Ils ont été utilisés pour la première fois à grande échelle aux États-Unis, où sept comtés ont adopté cette méthode pour l'élection présidentielle de 1964 [21]. Les nouveaux systèmes de vote par balayage optique permettent à un ordinateur de compter la marque de l'électeur sur le bulletin de vote. Les machines à voter DRE, qui collectent et compilent les votes dans une seule machine, sont utilisées par tous les électeurs lors de toutes les élections au Brésil et en Inde, ainsi qu'à grande échelle au Venezuela et aux États-Unis. Elles ont été utilisées à grande échelle aux Pays-Bas, mais ont été retirées du service après avoir suscité des inquiétudes au sein de la population [22]. Au Brésil, l'utilisation de machines à voter DRE a été associée à une diminution du nombre de votes erronés et non comptabilisés, à la promotion d'une plus grande participation des personnes les moins éduquées au processus électoral et à la réorientation des dépenses publiques vers les soins de santé publique, particulièrement bénéfiques pour les pauvres [23].

10.5.2. Système de vote électronique sur papier

Les systèmes de vote sur papier sont à l'origine un système dans lequel les votes sont exprimés et comptés à la main, à l'aide de bulletins de vote en papier. Avec l'avènement de la tabulation électronique sont apparus des systèmes dans lesquels des cartes ou des feuilles de papier pouvaient être marquées à la main, mais comptabilisées électroniquement. Ces systèmes comprenaient le vote par carte perforée, le système de marquage et, plus tard, les systèmes de vote par stylo numérique [24].

Un chariot contenant un scanner de bulletins ES&S M100 et un Auto-MARK dispositif d'assistance, tel qu'utilisé dans le comté de Johnson, Iowa, États-Unis en 2010

Ces systèmes peuvent comprendre un dispositif de marquage des bulletins de vote ou un marqueur électronique de bulletins de vote qui permet aux électeurs de faire leur choix à l'aide d'un dispositif d'entrée électronique, généralement un système à écran tactile similaire à un DRE. Les systèmes comprenant un dispositif de marquage des bulletins de vote peuvent intégrer différentes formes de technologie d'assistance. En 2004, l'Open Voting Consortium a présenté le "Dechert Design", un système d'impression de bulletins de vote sur papier à source ouverte sous licence publique générale, avec des codes-barres à source ouverte sur chaque bulletin [25].

10.5.3. Système de vote électronique à enregistrement direct (DRE)

Une machine à voter électronique à enregistrement direct (DRE) enregistre les votes au moyen de l'affichage du bulletin de vote.
Il est équipé de composants mécaniques ou électro-optiques pouvant être activés par l'électeur (généralement des boutons ou un écran tactile) ; il traite les données à l'aide d'un logiciel et enregistre les données de vote et les images des bulletins de vote dans des composants de mémoire. Après l'élection, il produit une tabulation des données de vote stockées dans un composant de mémoire amovible et sous forme de copie imprimée. Le système peut également permettre de transmettre des bulletins de vote individuels ou des totaux de votes à un site central afin de consolider et de communiquer les résultats des circonscriptions au site central. Ces systèmes utilisent une méthode de dépouillement des bulletins de vote dans les bureaux de vote. Ils compilent généralement les bulletins au fur et à mesure qu'ils sont déposés et impriment les résultats après la clôture du scrutin [26].

En 2002, aux États-Unis, la loi Help America Vote a imposé la mise en place d'un système de vote accessible aux personnes handicapées par bureau de vote, ce que la plupart des juridictions ont choisi de faire en utilisant des machines à voter DRE, certaines passant entièrement au système DRE. En 2004, 28,9 % des électeurs inscrits aux États-Unis ont utilisé un système de vote électronique à enregistrement direct [27], contre 7,7 % en 1996 [28].

VVPAT utilisé avec les machines à voter électroniques indiennes dans les élections indiennes.

En 2004, l'Inde a adopté les machines à voter électroniques (EVM) pour les élections parlementaires. 380 millions d'électeurs ont voté en utilisant plus d'un million de machines à voter [29]. Les EVM indiennes sont conçues et développées par deux unités de fabrication d'équipements de défense appartenant au gouvernement, Bharat Electronics Limited (BEL) et Electronics Corporation of India Limited (ECIL). Les deux systèmes sont identiques et développés selon les spécifications de la Commission électorale indienne. Le système se compose de deux appareils fonctionnant avec des piles de 7,5 volts. L'un des appareils, l'unité de vote, est utilisé par l'électeur et l'autre, l'unité de contrôle, est utilisé par l'agent électoral. Les deux unités sont reliées par un câble de cinq mètres. L'unité de vote dispose d'un bouton bleu pour chaque candidat. L'unité peut contenir 16 candidats, mais il est possible de chaîner jusqu'à quatre unités pour accueillir 64 candidats. L'unité de contrôle comporte trois boutons : un bouton pour libérer un vote, un bouton pour voir le nombre total de votes exprimés jusqu'à présent et un bouton pour clôturer le processus électoral. Le bouton de résultat est caché et scellé. Il ne peut être actionné que si le bouton de clôture a déjà été actionné. Une controverse a été soulevée lorsque la machine à voter a mal fonctionné, ce qui a été montré à l'assemblée de Delhi [30]. Le 9 avril 2019, la Cour suprême a ordonné à l'ECI d'augmenter le décompte des bulletins de vote sur papier vérifié par l'électeur (VVPAT) à cinq EVM sélectionnés au hasard par circonscription, ce qui signifie que l'ECI doit compter les bulletins VVPAT de 20 625 EVM avant de certifier les résultats définitifs de l'élection [31-33].

10.5.4. Système de vote DRE sur réseau public

Un système de vote DRE sur réseau public est un système électoral qui utilise des bulletins de vote électroniques et transmet les données de vote du bureau de vote à un autre lieu via un réseau public [34]. Les données de vote peuvent être transmises sous forme de bulletins individuels au fur et à mesure qu'ils sont déposés, périodiquement sous forme de lots de bulletins tout au long de la journée électorale, ou en un seul lot à la clôture du scrutin. Les systèmes de vote DRE sur réseau public peuvent utiliser la méthode de comptage par circonscription ou la méthode de comptage central. La méthode de dépouillement central consiste à compiler les bulletins de plusieurs circonscriptions dans un lieu central.

10.5.5. Vote en ligne

Les smartphones sont le principal moyen de vote en ligne utilisé par le secteur privé japonais, mais le vote électronique n'est pas possible en raison de la loi pour les élections publiques au Japon.

Les systèmes de vote par Internet ont gagné en popularité et ont été utilisés pour des élections et des référendums de gouvernements et d'organisations de membres en Estonie et en Suisse [35], ainsi que pour des élections municipales au Canada et des élections primaires de partis aux États-Unis et en France [36]. [36]. Le vote par Internet a également été largement utilisé dans le cadre de processus budgétaires participatifs infranationaux, notamment au Brésil, en France, aux États-Unis, au Portugal et en Espagne [37-42].

Les experts en sécurité ont constaté des problèmes de sécurité dans toutes les tentatives de vote en ligne [43-46], y compris dans les systèmes de l'Australie [47, 48], de l'Estonie [49, 50], de la Suisse [51, 52], de la Russie [53-55] et des États-Unis [56].

Il a été avancé que les partis politiques qui bénéficient d'un plus grand soutien de la part des moins fortunés - qui ne sont pas familiarisés avec Internet - pourraient souffrir lors des élections en raison du vote électronique, qui a tendance à augmenter le vote dans la classe moyenne/supérieure. Il n'est pas certain que la réduction de la fracture numérique favorise l'égalité des chances en matière de vote pour les personnes issues de milieux sociaux, économiques et ethniques différents. À long terme, cela dépend non seulement de l'accessibilité à l'internet, mais aussi du niveau de familiarité des gens avec l'internet [57].

Les effets du vote par internet sur la participation globale des électeurs ne sont pas clairs. Une étude de 2017 sur le vote en ligne dans deux cantons suisses a montré qu'il n'avait aucun effet sur la participation [58], et une étude de 2009 sur les élections nationales en Estonie a abouti à des résultats similaires [59]. Au contraire, l'introduction du vote en ligne lors des élections municipales dans la province canadienne de l'Ontario a entraîné une augmentation moyenne de la participation d'environ 3,5 points de pourcentage [60]. De même, une autre étude portant sur le cas de la Suisse a montré que le vote en ligne n'a pas augmenté la participation globale, mais qu'il a incité certains électeurs occasionnels à participer, alors qu'ils se seraient abstenus si le vote en ligne n'avait pas été possible [61].

Un article sur "le vote électronique à distance et la participation aux élections parlementaires estoniennes de 2007" a montré qu'au lieu d'éliminer les inégalités, le vote électronique pourrait avoir accentué la fracture numérique entre les classes socio-économiques supérieures et inférieures. Les personnes vivant à une plus grande distance des bureaux de vote ont voté davantage grâce à ce service désormais disponible. Lors des élections estoniennes de 2007, le taux de participation a été plus élevé chez les personnes vivant dans des régions à revenus élevés et ayant reçu une éducation formelle [57]. Toujours en ce qui concerne le système de vote par internet estonien, il s'est avéré plus rentable que les autres systèmes de vote proposés lors des élections locales de 2017 [62, 63].

Fourchette de coûts par bulletin de vote (en euros) pour les élections locales de 2017 [64]		
Système de vote	Minimum	Maximum
Vote par anticipation dans les centres de comté	5.48	5.92
Vote par anticipation dans les bureaux de vote ordinaires	16.24	17.36
Vote anticipé dans les centres départementaux	5.83	6.30
Vote le jour de l'élection dans les centres de comté	4.97	5.58
Vote le jour du scrutin dans les bureaux de vote ordinaires	2.83	3.01
Vote par Internet	2.17	2.26

Le vote électronique est perçu comme étant favorisé par un certain groupe démographique, à savoir la jeune génération, comme les électeurs des générations X et Y. Toutefois, lors des dernières élections, environ un quart des votes électroniques ont été exprimés par des personnes plus âgées, c'est-à-dire des personnes de plus de 55 ans. En outre, environ 20 % des votes électroniques ont été exprimés par des électeurs âgés de 45 à 54 ans. Cela montre que le vote électronique n'est pas exclusivement soutenu par les jeunes générations, mais qu'il trouve également une certaine popularité auprès de la génération X et des baby-boomers [65]. En effet, les maires de l'Ontario, au Canada, qui ont été élus lors d'élections en ligne sont en moyenne légèrement plus âgés que ceux qui ont été élus au moyen d'un vote papier [66].

Le vote en ligne est largement utilisé à titre privé pour les votes des actionnaires [67, 68] et d'autres organisations privées [69, 70]. Les sociétés chargées de la gestion des élections ne promettent ni exactitude ni respect de la vie privée [71-73]. En fait, une société utilise les votes antérieurs d'une personne à des fins de recherche [74] et pour cibler des publicités [75].

Les entreprises et les organisations utilisent régulièrement le vote par Internet pour élire leurs dirigeants et les membres de leur conseil d'administration, ainsi que pour d'autres élections par procuration. Les systèmes de vote par Internet ont été utilisés à titre privé dans de nombreux pays modernes et à titre public aux États-Unis, au Royaume-Uni, en Suisse et en Estonie. En Suisse, où le vote par internet fait déjà partie intégrante des référendums locaux, les électeurs reçoivent leur mot de passe pour accéder au bulletin de vote par l'intermédiaire des services postaux. En Estonie, la plupart des électeurs peuvent voter aux élections locales et parlementaires, s'ils le souhaitent, via Internet, car la plupart des personnes inscrites sur les listes électorales ont accès à un système de vote électronique, le plus important de tous les pays de l'Union européenne. Cela a été rendu possible par le fait que la plupart des Estoniens possèdent une carte d'identité nationale équipée d'une puce électronique lisible par ordinateur et que ce sont ces cartes qui leur permettent d'accéder au vote en ligne. Tout ce dont un électeur a besoin, c'est d'un ordinateur, d'un lecteur de cartes électroniques, de sa carte d'identité et de son code PIN, et il peut voter de n'importe où dans le monde. Les votes électroniques estoniens ne peuvent être effectués que pendant les jours de vote par anticipation. Le jour de l'élection, les électeurs doivent se rendre dans les bureaux de vote et remplir un bulletin de vote papier.

10.5.6. Systèmes hybrides

Il existe également des systèmes hybrides qui comprennent un dispositif de marquage électronique des bulletins de vote (généralement un système à écran tactile similaire à un DRE) ou une autre technologie d'assistance pour imprimer une piste d'audit papier vérifiée par l'électeur, puis utiliser une machine séparée pour la tabulation électronique. Le vote hybride comprend souvent à la fois le vote électronique et les bulletins de vote papier envoyés par la poste [76].

Le vote par internet peut se faire à distance (à partir de n'importe quel ordinateur connecté à internet) ou dans des bureaux de vote traditionnels, avec des isoloirs constitués de systèmes de vote connectés à internet.

10.5.6.1. L'analyse

Les systèmes de vote électronique peuvent présenter des avantages par rapport à d'autres techniques de vote. Un système de vote électronique peut être impliqué dans l'une ou l'autre des étapes de la mise en place, de la distribution, du vote, de la collecte et du dépouillement des bulletins de vote, et peut donc introduire ou non des avantages dans l'une ou l'autre de ces étapes. Il existe également des inconvénients potentiels, notamment la possibilité de défauts ou de faiblesses dans tout composant électronique.

**L'ISG TopVoter, une machine conçue spécifiquement pour l'élection du président de la Commission européenne.
pour les électeurs handicapés.**

Charles Stewart, du Massachusetts Institute of Technology, estime qu'un million de bulletins de vote supplémentaires ont été comptés lors de l'élection présidentielle américaine de 2004 par rapport à celle de 2000, parce que les machines à voter électroniques ont détecté des votes que les machines à voter sur papier n'auraient pas détectés [77].

En mai 2004, le U.S. Government Accountability Office a publié un rapport intitulé " Electronic Voting Offers Opportunities and Presents Challenges " (le vote électronique offre des opportunités et présente des défis) [78], qui analyse à la fois les avantages et les inconvénients du vote électronique. Un second rapport a été publié en septembre 2005, détaillant certaines des préoccupations liées au vote électronique et les améliorations en cours, intitulé "Federal Efforts to Improve Security and Reliability of Electronic Voting Systems Are Under Way, but Key Activities Need to Be Completed" (Les efforts fédéraux pour améliorer la sécurité et la fiabilité des systèmes de vote électronique sont en cours, mais des activités clés doivent être menées à bien) [79].

10.5.7. Bulletins de vote électroniques

Les systèmes de vote électronique peuvent utiliser des bulletins de vote électroniques pour stocker les votes dans la mémoire de l'ordinateur. Les systèmes qui les utilisent exclusivement sont appelés systèmes de vote DRE. Lorsque des bulletins électroniques sont utilisés, il n'y a pas de risque d'épuisement du stock de bulletins. En outre, ces bulletins électroniques éliminent la nécessité d'imprimer des bulletins de vote en papier, ce qui représente un coût important [80]. Lorsqu'il s'agit d'administrer des élections pour lesquelles les bulletins de vote sont proposés en plusieurs langues (dans certaines régions des États-Unis, les élections publiques sont exigées par le National Voting Rights Act de 1965), les bulletins de vote électroniques peuvent être programmés pour fournir des bulletins de vote en plusieurs langues pour une seule machine. L'avantage de pouvoir disposer de bulletins dans différentes langues semble être propre au vote électronique. Par exemple, la démographie du comté de King, dans l'État de Washington, l'oblige, en vertu de la loi électorale fédérale américaine, à permettre l'accès aux bulletins de vote en chinois. Quel que soit le type de bulletin de vote papier, le comté doit décider du nombre de bulletins en chinois à imprimer, du nombre de bulletins à mettre à disposition dans chaque bureau de vote, etc. Toute stratégie visant à garantir que des bulletins en chinois seront disponibles dans tous les bureaux de vote entraînera certainement, au minimum, un nombre important de bulletins gaspillés[citation nécessaire] (la situation avec les machines à levier serait encore pire qu'avec le papier : le seul moyen apparent de répondre de manière fiable au besoin serait d'installer une machine à levier en chinois dans chaque bureau de vote, dont peu seraient utilisés).

Les critiques soutiennent que le besoin de bulletins supplémentaires, quelle que soit la langue, peut être atténué par la mise en place d'un processus d'impression des bulletins sur les lieux de vote. Ils affirment en outre que le coût de la validation du logiciel, de la validation de la confiance du compilateur, de la validation de l'installation, de la validation de la livraison et de la validation d'autres étapes liées au vote électronique est complexe et coûteux, et qu'il n'est donc pas garanti que les bulletins de vote électroniques soient moins coûteux que les bulletins de vote imprimés.

10.6. Accessibilité

Les machines à voter électroniques peuvent être rendues totalement accessibles aux personnes handicapées. Les machines à cartes perforées et à lecture optique ne sont pas totalement accessibles aux aveugles ou aux malvoyants, et les machines à levier peuvent être difficiles à utiliser pour les électeurs dont la mobilité et la force sont limitées [81]. Les machines électroniques peuvent utiliser des écouteurs, des sifflets, des pédales, des manettes de jeu et d'autres technologies d'adaptation pour assurer l'accessibilité nécessaire.

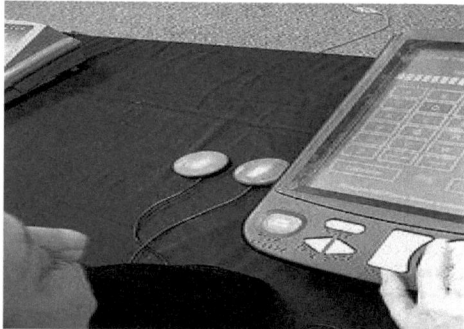

Une machine à voter DRE Hart eSlate avec des boutons en gelée pour les personnes souffrant d'un handicap de dextérité manuelle.

Des organisations telles que la Verified Voting Foundation ont critiqué l'accessibilité des machines à voter électroniques [82] et préconisent d'autres solutions. Certains électeurs handicapés (y compris les malvoyants) pourraient utiliser un bulletin de vote tactile, un système de vote utilisant des marqueurs physiques pour indiquer l'endroit où une marque doit être faite, pour voter un bulletin de papier secret. Ces bulletins peuvent être conçus de manière identique à ceux utilisés par les autres électeurs [83]. Toutefois, d'autres électeurs handicapés (y compris les électeurs souffrant de troubles de la dextérité) pourraient ne pas être en mesure d'utiliser ces bulletins.

10.7. Vérification cryptographique

Le concept de vérifiabilité des élections par le biais de solutions cryptographiques est apparu dans la littérature académique pour introduire la transparence et la confiance dans les systèmes de vote électronique[84, 85]. Il permet aux électeurs et aux observateurs de vérifier que les votes ont été enregistrés, comptés et déclarés correctement, indépendamment du matériel et du logiciel qui gèrent l'élection. Trois aspects de la vérifiabilité sont pris en compte [86] : individuel, universel et d'éligibilité. La vérifiabilité individuelle permet à un électeur de vérifier que son propre vote est inclus dans le résultat de l'élection, la vérifiabilité universelle permet aux électeurs ou aux observateurs électoraux de vérifier que le résultat de l'élection correspond aux votes exprimés, et la vérifiabilité de l'éligibilité permet aux électeurs et aux observateurs de vérifier que chaque vote dans le résultat de l'élection a été exprimé par un électeur enregistré de manière unique.

10.8. Intention de l'électeur

Les machines à voter électroniques sont en mesure de fournir un retour d'information immédiat à l'électeur en détectant des problèmes éventuels tels que le sous-vote ou le sur-vote, qui peuvent entraîner l'annulation d'un bulletin de vote. Ce retour d'information immédiat peut être utile pour déterminer avec succès l'intention de l'électeur.

10.9. Transparence

Des groupes tels que l'Open Rights Group [87, 88], basé au Royaume-Uni, ont affirmé que l'absence de tests, l'inadéquation des procédures d'audit et l'attention insuffisante accordée à la conception du système ou du processus de vote électronique laissaient "les élections ouvertes aux erreurs et à la fraude".

En 2009, la Cour constitutionnelle fédérale d'Allemagne a estimé que lors de l'utilisation de machines à voter, "la vérification du résultat doit pouvoir être effectuée par le citoyen de manière fiable et sans connaissances spécialisées en la matière". Les ordinateurs DRE Nedap utilisés jusqu'alors ne remplissaient pas cette condition. La décision n'a pas interdit le vote électronique en tant que tel, mais exige que toutes les étapes essentielles des élections soient soumises à un examen public [89, 90].

En 2013, la California Association of Voting Officials a été créée pour maintenir les efforts en faveur de systèmes de vote à source ouverte sous licence publique générale (General Public License).

10.10. Preuves par coercition

En 2013, des chercheurs européens ont proposé que les systèmes de vote électronique soient évidents sur le plan de la coercition [91]. Il devrait y avoir une preuve publique du degré de coercition qui a eu lieu lors d'une élection particulière. Un système de vote par internet appelé "Caveat Coercitor" [92] montre comment la preuve de la coercition dans les systèmes de vote peut être réalisée [91].

10.11. Pistes d'audit

L'un des défis fondamentaux de toute machine à voter est de prouver que les votes ont été enregistrés tels qu'ils ont été exprimés et que les résultats ont été comptabilisés tels qu'ils ont été enregistrés. Les résultats électoraux produits par les systèmes de vote qui s'appuient sur des bulletins de vote en papier marqués par l'électeur peuvent être vérifiés par des comptages manuels (soit par échantillonnage valide, soit par recomptage complet). Les systèmes de vote sans papier doivent permettre la vérification de différentes manières. Un système vérifiable de manière indépendante, parfois appelé vérification indépendante, peut être utilisé pour les recomptages ou les audits. Ces systèmes peuvent permettre aux électeurs de vérifier comment leurs votes ont été exprimés ou aux fonctionnaires de vérifier que les votes ont été compilés correctement.

Un projet de discussion rédigé par des chercheurs du National Institute of Standards and Technology (NIST) indique que "tout simplement, l'incapacité de l'architecture DRE à fournir des audits indépendants de ses enregistrements électroniques en fait un mauvais choix pour un environnement dans lequel la détection des erreurs et des fraudes est importante" [93]. Le rapport ne représente pas la position officielle du NIST, et des interprétations erronées du rapport ont conduit le NIST à expliquer que "certaines déclarations du rapport ont été mal interprétées". Le projet de rapport comprend des déclarations d'agents électoraux, de fournisseurs de systèmes de vote, d'informaticiens et d'autres experts dans le domaine sur ce qui est potentiellement possible en termes d'attaques contre les systèmes DRE. Toutefois, ces déclarations ne constituent pas des conclusions du rapport" [94].

A Diebold Election Systems, Inc. modèle AccuVote-TSx DRE machine à voter avec un système VVPAT.

Diverses technologies peuvent être utilisées pour garantir aux électeurs du système DRE que leurs votes ont été exprimés correctement, pour permettre aux responsables de détecter d'éventuelles fraudes ou dysfonctionnements, et pour fournir un moyen de vérifier les résultats compilés. Certains systèmes incluent des technologies telles que la cryptographie (visuelle ou mathématique), le papier (conservé par l'électeur ou vérifié et laissé aux agents électoraux), la vérification audio et les systèmes d'enregistrement double ou de témoins (autres que sur papier).

Rebecca Mercuri, la créatrice du concept Voter Verified Paper Audit Trail (VVPAT) (tel que décrit dans sa thèse de doctorat en octobre 2000 sur le système de base de vote vérifiable par l'électeur), propose de répondre à la question de l'auditabilité en demandant à la machine à voter d'imprimer un bulletin de vote sur papier ou un autre fac-similé sur papier qui peut être vérifié visuellement par l'électeur avant d'être saisi dans un endroit sécurisé. Par la suite, cette méthode est parfois appelée "méthode Mercuri". Pour être véritablement vérifié par l'électeur, l'enregistrement lui-même doit être vérifié par l'électeur et pouvoir l'être sans assistance, par exemple visuelle ou sonore. Si l'électeur doit utiliser un lecteur de code-barres ou un autre appareil électronique pour effectuer la vérification, le document n'est pas véritablement vérifiable par l'électeur, puisque c'est en fait l'appareil électronique qui vérifie le document pour l'électeur. Le VVPAT est la forme de vérification indépendante la plus couramment utilisée lors des élections aux États-Unis et dans d'autres pays tels que le Venezuela [95].

Les systèmes de vote contrôlables de bout en bout peuvent fournir à l'électeur un reçu qu'il peut emporter chez lui. Ce reçu ne permet pas à l'électeur de prouver à d'autres personnes comment il a voté, mais il lui permet de vérifier que le système a correctement détecté son vote. Les systèmes de bout en bout (E2E) comprennent le Punch-scan, le Three Ballot et le Prêt à Voter. Scantegrity est un module complémentaire qui ajoute une couche E2E aux systèmes de vote par balayage optique actuels. La ville de Takoma Park, dans le Maryland, a utilisé Scantegrity II pour ses élections de novembre 2009 [96, 97].

Les systèmes qui permettent à l'électeur de prouver comment il a voté ne sont jamais utilisés dans les élections publiques américaines et sont interdits par la plupart des constitutions des États. Les principaux problèmes posés par cette solution sont l'intimidation des électeurs et la vente de votes.

Un système d'audit peut être utilisé lors de recomptages aléatoires mesurés afin de détecter d'éventuels dysfonctionnements ou fraudes. Avec la méthode VVPAT, le bulletin de vote papier est souvent considéré comme le bulletin officiel. Dans ce cas, le bulletin est principal et les enregistrements électroniques ne sont utilisés que pour un premier décompte. En cas de recomptage ou de contestation, c'est le bulletin papier, et non le bulletin électronique, qui est utilisé pour le dépouillement. Chaque fois qu'un document papier sert de bulletin de vote légal, ce système est soumis aux mêmes avantages et préoccupations que tout autre système de vote sur papier.

L'audit d'une machine à voter nécessite une chaîne de contrôle stricte.

La solution a fait l'objet d'une première démonstration (New York City, mars 2001) et a été utilisée (Sacramento, Californie 2002) par AVANTE International Technology, Inc. En 2004, le Nevada a été le premier État à mettre en œuvre avec succès un système de vote DRE qui imprime un registre électronique. Le système de vote de 9,3 millions de dollars fourni par Sequoia Voting Systems comprenait plus de 2 600 DRE à écran tactile AVC EDGE équipés du composant VeriVote VVPAT[98]. [Les nouveaux systèmes, mis en œuvre sous la direction du secrétaire d'État de l'époque, Dean Heller, ont remplacé les systèmes de vote par carte perforée et ont été choisis après que la communauté ait été invitée à faire part de ses commentaires lors de réunions publiques et que le Nevada Gaming Control Board ait donné son avis [99].

10.12. Matériel

Un matériel mal sécurisé peut faire l'objet de manipulations physiques. Certains critiques, comme le groupe "Wijvertrouwenstem-computersniet" ("Nous ne faisons pas confiance aux machines à voter"), affirment que, par exemple, du matériel étranger pourrait être inséré dans la machine, ou entre l'utilisateur et le mécanisme central de la machine elle-même, à l'aide d'une technique d'attaque de l'homme du milieu, et que, par conséquent, même le scellement des machines DRE pourrait ne pas constituer une protection suffisante [100]. Cette affirmation est contrecarrée par la position selon laquelle les procédures d'examen et de test peuvent détecter le code ou le matériel frauduleux, si de tels éléments sont présents, et qu'une chaîne de possession complète et vérifiable empêcherait l'insertion de ce matériel ou de ce logiciel[citation nécessaire]. Les scellés de sécurité sont couramment utilisés pour tenter de détecter les manipulations, mais les tests effectués par le laboratoire national d'Argonne et d'autres démontrent que les scellés existants peuvent généralement être rapidement déjoués par une personne formée utilisant des méthodes de faible technicité[101].

Machine à voter DRE brésilienne.

10.13. Logiciel

Des experts en sécurité, tels que Bruce Schneier, ont demandé que le code source des machines à voter soit accessible au public pour inspection [102]. D'autres ont également suggéré de publier les logiciels des machines à voter sous une licence de logiciel libre, comme c'est le cas en Australie [103].

10.14. Essais et vérification

L'une des méthodes permettant de détecter les erreurs des machines à voter est celle des tests parallèles, qui sont effectués le jour du scrutin avec des machines choisies au hasard. L'ACM a publié une étude montrant que, pour changer le résultat de l'élection présidentielle américaine de 2000, il aurait suffi de modifier deux votes dans chaque circonscription [104].

10.15. Coût

Selon des études menées en Géorgie [105, 106], à New York [107] et en Pennsylvanie [108], le coût des machines électroniques qui reçoivent les choix de l'électeur, impriment un bulletin de vote et le scannent pour comptabiliser les résultats est plus élevé que le coût de l'impression de bulletins de vote vierges, du marquage direct par l'électeur (le marquage par la machine n'étant effectué que lorsque l'électeur le souhaite) et du scannage des bulletins de vote pour comptabiliser les résultats.

10.16. Adoption dans le monde

Le vote électronique varie d'un pays à l'autre et peut inclure des machines à voter dans les bureaux de vote, le dépouillement centralisé des bulletins de vote papier et le vote par internet. De nombreux pays utilisent le décompte centralisé. Certains utilisent également des machines à voter électroniques dans les bureaux de vote. Très peu utilisent le vote par internet. Plusieurs pays ont essayé des approches électroniques et ont arrêté en raison de difficultés ou de préoccupations concernant la sécurité et la fiabilité.

Le vote électronique nécessite des investissements tous les deux ou trois ans pour mettre à jour le matériel, ainsi que des dépenses annuelles pour la maintenance, la sécurité et les fournitures. S'il fonctionne bien, sa rapidité peut être un avantage lorsqu'il y a de nombreuses élections sur chaque bulletin de vote. Le dépouillement manuel est plus pratique dans les systèmes parlementaires où chaque niveau de gouvernement est élu à des moments différents et où chaque bulletin de vote ne comporte qu'une seule élection, celle d'un député national ou régional, ou celle d'un membre d'un conseil local.

Le vote électronique ou le vote par Internet ont été pratiqués dans des bureaux de vote :
- Australie [109],
- Belgique [110, 111],
- Brésil [112],
- Estonie [113, 114],
- France, Allemagne,
- Inde [115],
- Italie, Namibie, Pays-Bas (Rijnland Internet Election System), Norvège, Pérou, Suisse,
- au Royaume-Uni [116],
- Venezuela [117],
- Pakistan et
- les Philippines [118].

10.16.1. Dans la culture populaire

Dans le film Man of the Year (2006) avec Robin Williams, le personnage joué par Williams - un animateur comique d'un talk-show politique - remporte l'élection à la présidence des États-Unis lorsqu'une erreur logicielle dans les machines à voter électroniques produites par le fabricant fictif Delacroy entraîne un décompte inexact des voix.

Dans Runoff, un roman de Mark Coggins paru en 2007, un résultat surprenant du candidat du parti à l'élection du maire de San Francisco oblige à un second tour entre lui et le candidat de l'establishment très favori - une intrigue qui suit de près les résultats réels de l'élection de 2003. Lorsque le détective privé protagoniste du livre enquête à la demande d'une puissante femme d'affaires de Chinatown, il détermine que le résultat a été truqué par quelqu'un qui a déjoué la sécurité du système de vote électronique nouvellement installé dans la ville [119].

"Hacking Democracy" est un documentaire diffusé en 2006 sur HBO. Tourné sur trois ans, il montre des citoyens américains enquêtant sur des anomalies et des irrégularités liées aux systèmes de vote électronique qui se sont produites lors des élections américaines de 2000 et 2004, en particulier dans le comté de Volusia, en Floride. Le film étudie l'intégrité défectueuse des machines à voter électroniques, en particulier celles fabriquées par Diebold Election Systems, et culmine avec le piratage d'un système électoral Diebold dans le comté de Leon, en Floride.

Le conflit central du jeu vidéo MMO Infantry résulte de l'institution mondiale de la démocratie directe par l'utilisation de dispositifs de vote personnels au cours du 22e siècle de notre ère. Cette pratique a donné naissance à une "classe de citoyens votants" composée principalement de femmes au foyer et de retraités qui avaient tendance à rester chez eux toute la journée. Parce qu'ils avaient le plus de temps libre pour participer au vote, leurs opinions ont fini par dominer la politique [120].

10.17. Références

[1]. "i-Voting ". e-Estonia. Archivé de l'original le 11 février 2017.
[2]. "Res. 9597 Philippines concernant les exigences en matière de puissance du réseau électrique, y compris le vote électronique".
nea.gov.ph. Archivé de l'original le 2 juillet 2013.
[3]. "La nouvelle législation suisse sur le vote par internet". electoralpractice.ch.
Archivé de l'original le 2 avril 2015. Consulté le 5 février 2019.
[4]. Buchsbaum, T. (2004). "Le vote électronique : International developments and lessons learnt".
Actes du vote électronique en Europe Technologie, droit, politique et société.
Notes de lecture en informatique. Atelier du programme ESF TED en collaboration avec GI
et le BCG.
[5]. Zissis, D. ; Lekkas (avril 2011).
"Sécuriser l'administration et le vote en ligne grâce à un système ouvert d'informatique en nuage (cloud computing)
architecture". Government Information Quarterly. 28 (2) : 239-251.
[6]. Cook, T. (7 décembre 2016). Comment fonctionne le vote électronique : Avantages et inconvénients par rapport au papier
Vote. MUO. Consulté le 10 juin 2019 sur le site
https://www.makeuseof.com/tag/how- electronic-voting-works/
Archivé le 17 novembre 2020 sur Wayback Machine
[7]. "Comment fonctionne le vote électronique : Avantages et inconvénients par rapport au vote papier". MakeUseOf. 14

novembre 2019. Archivé le 17 novembre 2020. Consulté le 10 juin 2019.

[8]. https://Anwar[permanent dead link], N. K. (n.d.). Avantages et inconvénients de l'e-

Le vote : L'expérience estonienne. Academia.edu. Récupéré le 10 juin 2019 de

www.academia.edu/35246981/Advantages_and_Disadvantages_of_e-Voter l'expérience estonienne

[9]. Thompson, Ken (août 1984) Reflections on Trusting Trust Archived 17 December

2020 at the Wayback Machine

[10]. "La constitutionnalité du vote électronique en Allemagne". NDI - National Democratic

Institute USA. Archivé de l'original le 25 mars 2017. Consulté le 31 mai 2017.

[11]. Schneier, Bruce (septembre 2004).

Archivé le 9 juin 2007 sur Wayback Machine.

[12]. Schneier, Bruce. "Une machine à voter incroyablement peu sûre". Schneier sur

Sécurité. Archivé de l'original le 8 décembre 2015. Consulté le 3 décembre 2015.

[13]. Feldman, Halterman & Felten.

"Analyse de sécurité de la machine à voter AccuVote-TS de Diebold".

Usenix. Archivé de l'original le 8 décembre 2015. Consulté le 3 décembre 2015.

[14]. Schneier, Bruce. "Qu'est-ce qui ne va pas avec les machines à voter électroniques ?

Schneier on Security (en anglais). Archivé de l'original le 8 décembre 2015. Récupéré le 3

Décembre 2015.

[15]. "Un mathématicien de l'État de Wichita affirme que les machines à voter du Kansas ont été vérifiées pour s'assurer de leur exactitude.

Topeka Capital-Journal. Archivé de l'original le 3 décembre 2015. Récupéré le 3

Décembre 2015.

[16]. V Kobie, Nicole (30 mars 2015). "Pourquoi le vote électronique n'est pas sûr".

The Guardian. Archivé de l'original le 8 décembre 2015. Récupéré le 3 Décembre 2015.

[17]. Hern, Alex (26 février 2015). "La Grande-Bretagne devrait-elle introduire le vote électronique ?

The Guardian. Archivé de l'original le 8 décembre 2015. Récupéré le 3 Décembre 2015.

[18]. "Nombre d'utilisateurs d'internet dans le monde 2005-2018". Statista. Archivé le 3 mars 2021.

Consulté le 10 juin 2019.

[19]. Anwar, N. K. (s.d.). Avantages et inconvénients du vote électronique : The Estonian
Expérience. Academia.edu. Récupéré le 10 juin 2019 de :
https://www.academia.edu/35246981/Advantages Désavantages Estonian_Experience
Archivé le 15 octobre 2018 à la Wayback Machine
[20]. Les électeurs "en colère et déçus" de trois collectivités locales de Nouvelle-Galles du Sud ont voté le 30 juillet".
ABC News. 8 juin 2022. Archivé de l'original le 27 janvier 2023. Récupéré le 27
janvier 2023.
[21]. Saltman, Roy (NBS),
L'UTILISATION EFFICACE DE LA TECHNOLOGIE INFORMATIQUE DANS LE DÉPOUILLEMENT DES VOTES.
Archivé le 11 février 2016 sur Wikiwix. NIST.
[22]. "Réévaluation de l'utilisation du vote électronique aux Pays-Bas". National Democratic
Institut. 25 novembre 2013. Archivé de l'original le 25 février 2021. Consulté le 15 août 2022.
[23]. Fujiwara, Thomas (2015).
" Technologie de vote, réactivité politique et santé infantile : Evidence From Brazil".
Econometrica. 83 (2) : 423–464. doi:10.3982/ecta11520. ISSN 0012-9682.
[24]. Douglas W. Jones ; Lorrie Faith Cranor ; Rebecca T. Mercuri ; Peter G. Neumann (2003).
A. Gritzalis, Dimitris (ed.). Secure Electronic Voting. Avancées en matière de sécurité de l'information.
Vol. 7. Springer New York, NY. doi:10.1007/978-1-4615-0239-5. Archivé le 16 août
2022. Consulté le 16 août 2022.
[25]. Gage, Deborah (2 août 2008). "Voting machine gets LinuxWorld tryout".
SFGATE. Archivé de l'original le 2 juillet 2021. Consulté le 16 août 2022.
[26]. Commission d'assistance électorale des États-Unis. "2005 Voluntary Voting System Guidelines".
Archivé de l'original (PDF) le 7 février 2008.
[27]. Kids Voting Central Ohio. "Une brève histoire du vote aux États-Unis" (PDF).
Archivé de l'original (PDF) le 23 décembre 2010.
[28]. Commission électorale fédérale des États-Unis. "Direct Recording Electronic information page".
Archivé de l'original le 14 novembre 2007.
[29]. " Connaître votre machine à voter électronique " (PDF). Archivé (PDF) de l'original le 5
juin 2011. Consulté le 1er septembre 2010.
[30]. "Le parti AamAadmi a fait ses preuves dans les machines à voter de l'assemblée".

[19] ManoramaOnline. Archivé de l'original le 22 décembre 2017. Récupéré le Décembre 2017.

[31]. "Supreme Court : Compter les bulletins VVPAT dans les isoloirs des sièges de l'assemblée| Nouvelles de l'Inde Times of India".
The Times of India. 9 avril 2019. Archivé de l'original le 9 avril 2019. Consulté le 28 mai 2019.

[32]. "SC Directs ECI To Increase VVPAT Verification EVM Five EVMs Per Constituency".
8 avril 2019. Archivé de l'original le 10 avril 2019. Consulté le 28 mai 2019.

[33]. "When the SC Says No for Software Audit Review of EVMs & VVPAT at Present".
Money-life NEWS & VIEWS. Archivé de l'original le 29 mai 2019. Récupéré le 28 Mai 2019.

[34]. Normes relatives aux systèmes de vote. Normes relatives aux systèmes de vote. Commission électorale fédérale, États-Unis. d'Amérique. 2002. p. 12. Consulté le 13 novembre 2022.

[35]. Serdült, U. (avril 2015). Quinze ans de vote par internet en Suisse : Histoire,
Governance and Use. pp. 126-132. doi:10.1109/ICEDEG.2015.7114487.

[36]. " Liste des événements " (PDF). caltech.edu. Archivé de l'original (PDF) le 4 mars 2016.

[37]. Spada, Paolo ; Mellon, Jonathan ; Peixoto, Tiago ; Sjoberg, Fredrik M. (2015).
"Effets de l'Internet sur la participation : Étude d'un référendum sur les politiques publiques au Brésil".
Rochester, NY. SSRN 2571083. Archivé de l'original le 12 mars 2021.
Consulté le 20 novembre 2020. {{cite journal}} : Cite journal requiert |journal= (aide)

[38]. Peixoto, Tiago (25 septembre 2008).
"Budget participatif en ligne : l'e-démocratie, de la théorie à la réussite". Rochester,
NY. doi:10.2139/ssrn.1273554. S2CID 153840747. SSRN 1273554. Archivé du site
original le 12 mars 2021. Consulté le 20 novembre 2020.

[39]. "Budget participatif à Paris, France - Participedia". participedia.net. 3 janvier
2014. Archivé de l'original le 12 janvier 2021. Consulté le 20 novembre 2020.

[40]. Saad, Rodrigo (juin 2020). (Mémoire de maîtrise). Université de la ville de New York. Archivé depuis
l'original le 7 décembre 2020. Consulté le 20 novembre 2020.

[41]. "Budget participatif à Lisbonne, Portugal - Participedia". participedia.net. 8 juillet

2008. Archivé de l'original le 12 mars 2021. Consulté le 20 novembre 2020.

[42]. "Decide.Madrid.es Budget participatif en ligne - Participedia". participedia.net. 23 février 2016. Archivé de l'original le 12 mars 2021. Récupéré le 20 Novembre 2020.

[43]. Appel, Andrew (8 juin 2020).
"Le vote par internet de Democracy Live : sans surprise et étonnamment peu sûr".
Université de Princeton. Archivé le 19 janvier 2021. Consulté le 23 juin 2020.

[44]. "Vote par Internet". Verified Voting (en anglais). Archivé de l'original le 23 juillet 2020.
Consulté le 20 juin 2020.

[45]. "Le vote sécurisé par Internet ne sera probablement pas possible dans un avenir proche... À l'heure actuelle,
l'Internet (ou tout réseau connecté à l'Internet) ne doit pas être utilisé pour le retour de la marchandise.
marked ballots" National Academies of Sciences (6 septembre 2018).
Sécuriser le vote : Protecting American Democracy. doi:10.17226/25120.
ISBN 978-0-309-47647-8. S2CID 158434942. Archivé de l'original le 9 mars
2021. Consulté le 23 juin 2020.

[46]. "Le retour électronique des bulletins de vote présente des risques de sécurité importants pour la confidentialité, l'intégrité et la sécurité des données,
et la disponibilité des bulletins de vote. Ces risques peuvent en fin de compte affecter le dépouillement et la distribution des bulletins de vote.
et peuvent se produire à l'échelle ... Même avec ... des considérations techniques de sécurité, des
le retour des bulletins de vote reste une activité à haut risque". Commission d'assistance électorale, National
Institute of Standards and Technology, FBI, Cybersécurité et sécurité des infrastructures.
Archivé le 10 juillet 2020. Consulté le 23 juin 2020.

[47]. Halderman, J. Alex, et Vanessa Teague (13 août 2015). "The New South Wales iVote
System : Security Failures and Verification Flaws in a Live Online Election". Vote électronique
et l'identité. Conférence internationale sur le vote électronique et l'identité. Lecture Notes in
Computer Science. Vol. 9269. pp. 35-53.

[48]. Teague, Vanessa (28 juin 2022). "Comment NE PAS évaluer un système de vote électronique". Princeton
Université. Archivé de l'original le 8 juillet 2022. Consulté le 1er juillet 2022.

[49]. Springall, Drew ; Finkenauer, Travis ; Durumeric, Zakir ; Kitcat, Jason ; Hursti, Harri ;
MacAlpine, Margaret ; Halder-man, Alex (2014),
"Analyse de la sécurité du système estonien de vote par Internet".

[50]. "L'EAM de l'OSCE/BIDDH a été informée de l'existence d'un programme qui pourrait, s'il était exécuté sur un ordinateur de l'OSCE/BIDDH, être utilisé comme un outil de communication.
l'ordinateur de l'électeur, modifie le vote sans que l'électeur puisse s'en rendre compte. Les
a été portée à l'attention du chef de projet, qui a estimé que cette menace était "raisonnable".
théoriquement plausible mais presque impossible à mettre en œuvre dans la réalité". OSCE. 6 mars
2011. Archivé le 16 janvier 2021. Consulté le 20 juin 2020.

[51]. Appel, Andrew (27 juin 2022). "Comment évaluer un système de vote électronique". Princeton
University, Center for Information Technology Policy. Archivé de l'original le 8
juillet 2022. Consulté le 1er juillet 2022.

[52]. Zetter, Kim (12 mars 2019).
"Researchers Find Critical Backdoor in Swiss Online Voting System" (Des chercheurs trouvent une porte dérobée critique dans le système de vote en ligne suisse).
Vice. Archivé de l'original le 2 septembre 2020. Consulté le 20 juin 2020.

[53]. Gupta, Manhar. "Le vote par blockchain en Russie s'est transformé en fiasco.
Cryptotrends. Archivé de l'original le 19 octobre 2020. Consulté le 25 juin 2020.

[54]. Gaudry, Pierrick, et Alexander Golovnev (10 février 2020).
Breaking the Encryption Scheme of the Moscow Internet Voting System (PDF) (en anglais).
Cryptographie financière 2020 - via l'Association internationale de cryptographie financière.

[55]. Anderson, Ross (21 février 2020). "Systèmes de vote électronique".
The RISKS Digest. 31 (59). Archivé le 19 octobre 2020.
Consulté le 23 juin 2020 - via Newcastle University.

[56]. Zetter, Kim (13 février 2020).
L'application mobile de vote utilisée dans quatre États présente des failles de sécurité "élémentaires".
VICE. Archivé de l'original le 20 septembre 2020. Consulté le 23 juin 2020.

[57]. B Bochsler, Daniel (26 mai 2010). "Le vote par internet peut-il accroître la participation politique ?
Centre pour l'étude de l'imperfection des démocraties. Archivé le 18 septembre 2016.

[58]. Germann, Micha ; Serdült, Uwe (1 juin 2017).

"Le vote par Internet et la participation : Evidence from Switzerland". Electoral Studies. 47 : 1-12.

Archivé le 18 octobre 2020. Consulté le 24 août 2020.

[59]. Alvarez, R. Michael ; Hall, Thad E. ; Trechsel, Alexander H. (juillet 2009).

"Le vote par Internet dans une perspective comparative : Le cas de l'Estonie".

PS : Science politique et politique. 42 (3) : 497–505. doi:10.1017/S1049096509090787.

Consulté le 7 janvier 2021.

[60]. Goodman, Nicole ; Stokes, Leah C. (juillet 2020).

"Réduire le coût du vote : Une évaluation de l'effet du vote par Internet sur la participation".

British Journal of Political Science. 50 (3) : 1155-1167.

[61]. Petitpas, Adrien ; Jaquet, Julien M. ; Sciarini, Pascal (12 novembre 2020).

"Le vote électronique a-t-il une incidence sur le taux de participation, et pour qui ? Electoral Studies. 71 : 102245.

[62]. Krimmer R., Duenas-Cid D., Krivonosova I., Vinkel P., Koitmae A. (2018).

Combien coûte un vote électronique ? Comparaison du coût par vote dans les élections multicanal en France

Estonie. In : Krimmer R. et al. (eds) Electronic Voting. E-Vote-ID 2018. Lecture Notes in

Computer Science, vol 11143. Springer, Cham.

[63]. Robert Krimmer, David Duenas-Cid & IuliaKrivonosova (2020) New methodology for

calculer le rapport coût-efficacité de différents modes de vote : le vote par internet est-il moins cher ?

Argent et gestion, https://doi.org/10.1080/09540962.2020.1732027

[46]. Robert Krimmer, David Duenas-Cid & Iuliia Krivonosova (2020) New methodology for

calculer le rapport coût-efficacité de différents modes de vote : le vote par internet est-il moins cher ?

Argent et gestion, https://doi.org/10.1080/09540962.2020.1732027

[65]. Leetaru, Kalev. "How Estonia's E-Voting System Could Be The Future" (Le système de vote électronique de l'Estonie pourrait être l'avenir).

Forbes. Archivé de l'original le 19 novembre 2020. Consulté le 25 septembre 2019.

[66]. Wigginton, Michael J ; Stockemer, Daniel (31 décembre 2021).

"L'introduction du vote en ligne crée-t-elle une diversité dans la représentation ? Politique

Studies Review. 21 : 172-182.

[67]. Weil, Gordon (4 juillet 2020).

"Le système du Maine combiné au vote par actionnaire pourrait permettre d'augmenter le taux de participation".

Pilote de la baie de Penobscot. Archivé le 31 octobre 2020. Consulté le 29 juillet 2020.

[68]. Fisch, J. (2017). "Instructions de vote permanentes : Donner du pouvoir à l'investisseur de détail exclu".
Minnesota Law Review. Archivé de l'original le 18 octobre 2020. Consulté le 29 J
Juillet 2020.

[69]. "Le marché des logiciels de gestion électorale : des gains impressionnants". Designer Women.
Archivé de l'original le 29 juin 2022. Consulté le 25 juin 2022.

[70]. "NAACP Statement on the NAACP NC State Conference Election". naacp.org. 17
décembre 2021. Archivé de l'original le 29 janvier 2022. Consulté le 25 juin 2022.

[71]. N Election Services Co. "Conditions d'utilisation et politique de confidentialité". www.electionservicesco.com.
Archivé de l'original le 15 juin 2020. Consulté le 29 juillet 2020.

[72]. ProxyVote "Terms of Use & Linking Policy". www.broadridge.com. Archivé le 9
Mars 2021. Consulté le 29 juillet 2020.

[73]. Proxydirect "Online Service Terms & Conditions".
www.computershare.com. Archivé le 18 octobre 2020. Consulté le 29 juillet 2020.

[74]. Brav, Alon, Matthew D. Cain, Jonathon Zytnick (novembre 2019).
" Processus de procuration pour la participation des actionnaires de détail : Suivi, engagement et vote".
Institut européen de gouvernance d'entreprise. Archivé le 18 octobre 2020. Consulté le 29
Juillet 2020.

[75]. "Proxy Services for Mutual Funds and ETF Providers" (Services de procuration pour les fonds communs de placement et les fournisseurs d'ETF).
www.broadridge.com. Archivé le 31 janvier 2021. Consulté le 29 juillet 2020.

[76]. Poulos, John, et al. "System, method and computer program for vote tabulation with an
piste d'audit électronique". Brevet américain n° 8,195,505. 5 juin 2012. https://patents.google.com/patent/US8195505B2/en.
Archivé le 8 octobre 2019 à la Way-back Machine

[77]. Friel, Brian (novembre 2006)Let The Recounts Begin, National Journal Archived 19 June
2005 at the Way-back Machine

[78]. Government Accountability Office (mai 2004).
"Le vote électronique offre des opportunités et présente des défis archivés 2016-03-03 à l'adresse suivante
la machine à remonter le temps"

[79]. Government Accountability Office (septembre 2005). Archivé le 2016-02-09 à
la machine à remonter le temps"

[80]. " Accueil ". Archivé de l'original le 20 novembre 2015. Consulté le 2 juin 2016.
[81]. "Protéger l'intégrité et l'accessibilité du vote en 2004 et au-delà".
People for the American Way Archivé le 12 décembre 2004 sur Wayback Machine
[82]. [1] Archivé le 10 août 2007 sur Way-back Machine
[83]. " Modèles de bulletins de vote ". Archivé le 29 août 2012 sur Way-back Machine (tactile
bulletins de vote). Fondation internationale pour les systèmes électoraux
[84]. Juels, Ari ; Dario Catalano ; Markus Jakobsson (novembre 2002).
"Élections électroniques résistantes à la coercition". Cryptology ePrint Archive (165) : 61-70.
CiteSeerX 10.1.1.11.8779. Archivé le 7 avril 2014. Consulté le 2 mai 2012.
[85]. Chaum, David ; Peter Y. A. Ryan ; Steve Schneider (2005).
"A Practical Voter-Verifiable Election Scheme". ESORICS'05 : 10th European
Symposium sur la recherche en sécurité informatique. LNCS. 3679 : 118-139.
[86]. Kremer, Steve ; Mark Ryan ; Ben Smyth (2010).
"La vérifiabilité des élections dans les protocoles de vote électronique". ESORICS'10 : 15th European
Symposium sur la recherche en sécurité informatique. 6345 : 389-404.
[87]. "Le rapport de l'ORG sur les élections met en évidence les problèmes liés à la technologie de vote utilisée.
Openrightsgroup.org. Archive du 24 février 2009. Consulté le 24 mai 2010.
[88]. "Open Rights Group - ORG verdict sur les élections de Londres : "déclarer la confiance dans les résultats".
Open Rights Group. Archivé de l'original le 22 avril 2009. Consulté le 2 juillet 2008.
[89]. "Décision du deuxième Sénat de la Cour constitutionnelle fédérale d'Allemagne, 3 mars 2009".
Bundesverfassungsgericht.de. Archivé de l'original le 11 juillet 2011. Récupéré le 24
mai 2010.
[90]. "Cour constitutionnelle fédérale allemande, Communiqué de presse no. 19/2009 du 3 mars 2009".
Bundesverfassungsgericht.de. Archivé de l'original le 4 avril 2009. Récupéré le 24
mai 2010.
[91]. Gurchetan S Grewal, Mark D Ryan, SergiuBursuc, Peter Y A Ryan. Caveat Coercitor :
coercion-evidence in electronic voting. 34e symposium de l'IEEE sur la sécurité et la confidentialité,
2013
[92]. Caveat Coercitor : coercion-evidence in electronic voting Archived 3 March 2016 at

the Wayback Machine, 2013 IEEE Symposium on Security and Privacy (symposium de l'IEEE sur la sécurité et la vie privée)

[93]. " Projet de livre blanc sur le VVPR " (PDF). Archivé de l'original (PDF) le 28 novembre

2009. Consulté le 24 mai 2010.

[94]. [2] Archivé le 2 février 2007 sur Way-back Machine

[apleasant (25 novembre 2013). "Audits du vote électronique au Venezuela".

www.ndi.org. Archivé le 14 février 2017. Consulté le 13 février 2017.

[96]. "Étude pilote du système de vote Scantegrity II pour les élections municipales de 2009 à Takoma Park".

Archivé de l'original (PDF) le 19 juillet 2011.

[97]. Hardesty, Larry (13 novembre 2009). "Cryptographic voting debuts". MIT news.

Archivé de l'original le 19 juillet 2011. Consulté le 30 novembre 2009.

[98]. Système de vote "paper trail" utilisé au Nevada.

Archivé le 22 octobre 2020 à la Way-back Machine, Associated Press 7 septembre 2004.

[99]. Nevada improves odds with e-vote Archived 3 March 2016 at the Way-back Machine,

CNN 29 octobre 2004

[100]. "Nedap/Groenendaal ES3B voting computer a security analysis (chapter 7.1)".

Archivé (PDF) de l'original le 7 janvier 2010. Consulté le 24 mai 2010.

[101]. "Defeating Existing Tamper-Indicating Seals". Laboratoire national d'Argonne. Archivé

depuis l'original le 7 octobre 2008.

[102]. "Le problème des machines à voter électroniques". Schneier.com. Archivé du site

original le 8 février 2010. Consulté le 24 mai 2010.

[103]. "Le système de vote et de dépouillement électronique". Elections.act.gov.au.

Archivé le 18 février 2011. Consulté le 24 mai 2010.

[104]. Di Franco, A., Petro, A., Shear, E. et Vladimirov, V. 2004. Small vote manipulations

peuvent faire basculer les élections. Commun. ACM 47, 10 (Oct. 2004), 43-45.

DOI= http://doi.acm.org/10.1145/1022594.1022621

[105]. Perez, Edward, et Gregory Miller (mars 2019).

"Acquisition de la technologie électorale de l'État de Géorgie, une vérification de la réalité". Institut OSET.

Archivé de l'original le 30 juillet 2020. Consulté le 6 mars 2020.

[106]. Fowler, Stephen. "Here's What Vendors Say It Would Cost Georgia's Voting System" (Voici ce que les vendeurs disent que le système de vote de la Géorgie coûterait).

Georgia Public Broadcasting. Archivé de l'original le 28 février 2020.

Consulté le 28 février 2020.

[107]. "NYVV - Paper Ballots Costs ". www.nyvv.org. Archivé de l'original le 28 février 2020. Consulté le 28 février 2020.

[108]. Deluzio, Christopher, Kevin Skoglund (28 février 2020). "Pennsylvania Counties' New Voting Systems Selections : An Analysis" (PDF). Université de Pennsylvanie
de Pittsburgh. Archivé le 26 juin 2020. Consulté le 28 février 2020.

[109]. Ron McCallum, "Participating in Political and Public life" (2011) 32 AltLJ 80.
" Participer à la vie politique et publique ". Archivé le 6 janvier 2016. Consulté le 8
Février 2016.

[110]. E-lected (28 mai 2014). "E-voting scores another triumph in Belgium". elected blog (a
sur le vote électronique dans le monde). Archivé de l'original le 14 février 2017. Consulté le 13 février 2017.

[111]. Un entrepreneur de l'e-démocratie : "Le vote en ligne va exploser dans les années à venir". EurActiv.com.
août 2014. Archivé de l'original le 19 novembre 2016. Récupéré le 13
Février 2017.

[112]. Canada, Élections. "Évaluation comparative du vote électronique ". Archivé du site
original le 14 février 2017. Consulté le 13 février 2017.

[113]. "BBC NEWS | Europe | Estonia forges ahead with e-vote". news.bbc.co.uk. 14 octobre 2005. Archivé le 17 mars 2017. Consulté le 29 janvier 2017.

[114]. " i-Voting - e-Estonia ". e-estonia.com. Archivé de l'original le 11 février 2017.
 Consulté le 29 janvier 2017.

[115]. " Connaître sa machine à voter électronique " (PDF). Archivé le 5 juin 2011.
Consulté le 1er septembre 2010.

[116]. Kobie, Nicole (2015). "Why electronic voting isn't secure - but may be safe enough" (Pourquoi le vote électronique n'est pas sûr - mais peut l'être suffisamment).
The Guardian. ISSN 0261-3077. Archivé de l'original le 8 mars 2017.
Consulté le 13 février 2017.

[117]. Forum, Forbes Leadership. "Le système électoral vénézuélien est un modèle pour le monde.
Forbes. Archivé de l'original le 14 février 2017. Consulté le 13 février 2017.

[118]. "US, EU hail democratic milestone of Philippine polls".
ABS-CBN News and Current Affairs (en anglais). Archivé de l'original le 10 mars 2016.
Consulté le 13 février 2017.

[119]. "January Magazine, "The Fix Is In"". Januarymagazine.com. Archivé le 29 novembre
2020. Consulté le 24 mai 2010

[120]. " Infantry Archive, "The Collective Era" ". freeinfantry.com. Archivé le 3 janvier 2017.
Consulté le 21 septembre 2016.

Chapitre (11) : Conclusions

Le vote électronique (également connu sous le nom de e-voting) est un vote qui utilise des moyens électroniques pour aider ou prendre en charge le dépôt et le dépouillement des bulletins de vote.

En fonction de la mise en œuvre particulière, le vote électronique peut utiliser des machines à voter électroniques autonomes (également appelées EVM) ou des ordinateurs connectés à l'internet (vote en ligne). Il peut englober une gamme de services Internet, allant de la simple transmission de résultats tabulés au vote en ligne complet par l'intermédiaire d'appareils domestiques courants pouvant être connectés. Le degré d'automatisation peut se limiter au marquage d'un bulletin de vote papier, ou peut être un système complet de saisie et d'enregistrement des votes, de cryptage des données et de transmission à des serveurs, ainsi que de consolidation et de tabulation des résultats des élections.

Un système de vote électronique digne de ce nom doit accomplir la plupart de ces tâches tout en se conformant à un ensemble de normes établies par les organismes de réglementation. Il doit également être capable de répondre à des exigences élevées en matière de sécurité, d'exactitude, d'intégrité, de rapidité, de respect de la vie privée et d'auditabilité,
l'accessibilité, le rapport coût-efficacité, l'extensibilité et la durabilité écologique.

La technologie du vote électronique peut inclure les cartes perforées, les systèmes de vote par balayage optique et les kiosques de vote spécialisés (y compris les systèmes autonomes de vote électronique à enregistrement direct, ou DRE). Il peut également s'agir de la transmission de bulletins et de votes par téléphone, par des réseaux informatiques privés ou par l'internet. En général, on distingue deux grands types de vote électronique :

- le vote électronique qui est physiquement supervisé par des représentants des autorités électorales gouvernementales ou indépendantes (par exemple, les machines à voter électroniques situées dans les bureaux de vote) ;
- le vote électronique à distance via Internet (également appelé i-voting), où l'électeur soumet son vote par voie électronique aux autorités électorales, à partir de n'importe quel endroit.

Les systèmes de vote électronique sont utilisés partout dans de nombreux pays du monde, notamment en Argentine, en Australie, au Bangladesh, en Belgique, au Brésil, au Canada, en France, en Allemagne, en Inde, en Italie, au Japon, au Kazakhstan, en Corée du Sud, en Malaisie, aux Pays-Bas, en Norvège, au Pakistan et aux Philippines,
Espagne, Suisse, Thaïlande, Royaume-Uni et États-Unis.

La technologie du vote électronique a pour but d'accélérer le dépouillement des bulletins de vote, de réduire les coûts liés à la rémunération du personnel chargé du dépouillement manuel et d'améliorer l'accessibilité pour les électeurs handicapés. À long terme, les dépenses devraient également diminuer. Les résultats peuvent être communiqués et publiés plus rapidement. Les électeurs gagnent du temps et de l'argent en pouvant voter indépendamment de l'endroit où ils se trouvent. Cela peut augmenter la participation globale des électeurs. Les groupes de citoyens qui bénéficient le plus des élections électroniques sont ceux qui vivent à l'étranger, les citoyens qui vivent dans des zones rurales éloignées des bureaux de vote et les personnes à mobilité réduite.

I want morebooks!

Buy your books fast and straightforward online - at one of world's fastest growing online book stores! Environmentally sound due to Print-on-Demand technologies.

Buy your books online at
www.morebooks.shop

Achetez vos livres en ligne, vite et bien, sur l'une des librairies en ligne les plus performantes au monde!
En protégeant nos ressources et notre environnement grâce à l'impression à la demande.

La librairie en ligne pour acheter plus vite
www.morebooks.shop

 info@omniscriptum.com
www.omniscriptum.com

Printed by Books on Demand GmbH, Norderstedt / Germany